Sähkö ja traktori

lihasvoiman tehoavuiksi

Heikki K Lähde

Sähkö ja traktori

lihasvoiman tehoavuiksi

Ammattitaitoja katosi ja uusiutui

Kustantaja: BoD - Books on Demand, Helsinki,Suomi

Valmistaja: BoD - Books on Demand, Norderstedt,Saksa

Tiedotus ja kustannus.

Heikki K Lähde. Tmi

ISBN: 978-951-568-039-6

Sisällysluettelo

5

Suomi Itsenäiseksi 6.12.1917

Suomen Kansalle.

Suomen Eduskunnan istunnossa tänä päivänä on Suomen Senaatti puheenjohtajansa kautta antanut Eduskunnan käsiteltäväksi m. m. ehdotuksen uudeksi hallitusmuodoksi Suomelle. Antaessaan tämän esityksen Eduskunnalle on Senaatin puheenjohtaja Senaatin puolesta lausunut:

Suomen Eduskunta on 15 päivänä viime marraskuuta, nojaten maan Hallitusmuodon 38 §:ään, julistautunut korkeimman valtiovallan haltijaksi sekä sittemmin asettanut maalle hallituksen, joka tärkeimmäksi tehtäväkseen on ottanut Suomen valtiollisen itsenäisyyden toteuttamisen ja turvaamisen. Tämän kautta on Suomen kansa ottanut kohtalonsa omiin käsiinsä, ja nykyiset olot sekä oikeuttavat että velvoittavat sen siihen. Suomen kansa tuntee syvästi, ettei se voi täyttää kansallista ja yleisinhimillistä tehtäväänsä muuten kuin täysin vapaana. Vuosisatainen vapaudenkaipuumme on nyt toteutettava; Suomen kansan on astuttava muiden maailman kansojen rinnalle itsenäisenä kansakuntana.

Tämän päämäärän saavuttamiseksi tarvitaan lähinnä eräitä toimenpiteitä Eduskunnan puolelta. Suomen voimassaoleva Hallitusmuoto, joka on nykyisiin oloihin soveltumaton, vaatii täydellistä uusimista, ja siitä syystä hallitus nyt on Eduskunnan käsiteltäväksi antanut ehdotuksen Suomen hallitusmuodoksi, ehdotuksen, joka on rakennettu sille perusteelle, että Suomi on oleva riippumaton tasavalta. Katsoen siihen, että uuden hallitusmuodon pääperusteet on saatava viipymättä voimaan, on Hallitus samalla antanut esityksen perustuslain säännöksiksi tästä asiasta sekä eräitä muitakin lakiehdotuksia, jotka tarkoittavat tyydyttää kipeimmät uudistustarpeet ennen uuden hallitusmuodon aikaansaamista.

Sama päämäärä vaatii myös toimenpiteitä Hallituksen puolelta. Hallitus on kääntyvä toisten valtojen puoleen saadakseen maamme valtiollisen itsenäisyyden kansainvälisesti tunnustetuksi. Tämä on erityisesti nykyhetkellä sitä välttämättömämpää, kun maan täydellisestä eristäytymisestä aiheutunut vakava asema, nälänhätä ja työttömyys pakoittavat Hallitusta asettumaan suoranaisiin väleihin ulkovaltojen kanssa, joiden kiireellinen apu elintarpeiden ja teollisuutta varten välttämättömien tavarain maahantuomiseksi on meidän ainoa pelastuksemme uhkaavasta nälänhädästä ja teollisuuden pysähtymisestä.

Venäjän kansa on, kukistettuansa tsaarivallan, useampia kertoja ilmoittanut aikovansa suoda Suomen kansalle sen vuosisataisen sivistyskehitykseen perustuvan oikeuden omien kohtaloittensa määräämiseen. Ja laajalti yli sodan kaikkien kauhujen on kaikunut ääni, että yhtenä nykyisen maailmansodan tärkeimmistä päämääristä on oleva, ettei yhtäkään kansaa ole vastoin tahtoansa pakotettava olemaan toisesta riippuvaisena. Suomen kansa uskoo, että vapaa Venäjän kansa ja sen perustava kansalliskokous eivät tahdo estää Suomen pyrkimystä astua vapaiden ja riippumattomien kansojen joukkoon. Ja Suomen kansa rohkenee samalla toivoa maailman muiden kansojen tunnustavan, että Suomen kansa riippumattomana ja vapaana paraiten voi työskennellä sen tehtävän toteuttamiseksi, jonka suorittamisella se toivoo ansaitsevansa itsenäisen sijan maailman sivistyskansojen joukossa.

Samalla kuin Hallitus on tahtonut saattaa nämä sanat kaikkien Suomen kansalaisten tietoon, kääntyy Hallitus kansalaisten, sekä yksityisten että viranomaisten puoleen, hartaasti kehoittaen kutakin kohdastansa, järkähtämättömästi noudattamalla järjestystä ja täyttämällä isänmaallisen velvollisuutensa, ponnistamaan kaikki voimansa kansakunnan yhteisen päämäärän saavuttamiseksi tänä ajankohtana, jota tärkeämpää ja ratkaisevampaa ei tähän asti ole Suomen kansan elämässä ollut. Helsingissä 4 päivänä joulukuuta 1917.

Suomen Senaatti:

P. E. SVINHUFVUD.	E. N. SETÄLÄ.
KYÖSTI KALLIO.	JALMAR CASTRÉN.
ONNI TALAS.	ARTHUR CASTRÉN.
HEIKKI RENVALL.	JUHANI ARAJÄRVI.
ALEXANDER FREY.	E. Y. PEHKONEN.
O. W. LOUHIVUORI.	

A. E. Rautavaara.

Kuva 1. Suomen eduskunnan 6. joulukuuta 1917 hyväksymä hallituksen julistus Suomen kansalle.

11

Suomi numeroina vuosina 1917 ja 2017

Taulukko 1. Suomen alueista ja tapahtumista vuonna 1917 ja 2017.[1]

Asia	Vuosi 1917	Vuosi 2017
Asukasluku. (Tilastokeskus)	3 134 300 asukasta	n. 5 500 000 asukasta
Pinta-ala	377 000 neliö-km	338 000 neliö-km[2]
Asukkaita maaseutu/kaupunki	2 800 000/n ½ miljoonaa	noin 30 % / 70 %
Syntyi lapsia	1916 lähes 80 000	2016: 52 814 l
Avioliittoja	1916: 19 000 Eroja 363	2015: 25 000/ eroja n.14000
Täysi-ikäisyys[3]	1721 asti 17 vuotta	
Täysi-ikäisyys	1721- 1.7.1969 21 v.	
Täysi-ikäisyys	1.7.1769-1.7.1976 20 v.	
Täysi-ikäisyys	1.7.1976- 18 vuotta	18
Elinikäodote (Ess.30.10.2016)	n. 50 vuotta	Tytöt n. 84v/pojat 78,5v
Kulutus 2016 asukasta kohti:	Ruis 158 kg. peruna 116 kg, kahvi 2 kg, sokeri 15kg.	Ruis 15 kg, peruna n.60 kg, kahvi 8 kg, sokeri n.30 kg.

---

[1] Suomen tilastollinen vuosikirja 1916 ja Suomi lukuina 2016.Findikaattori

[2] Vähennys johtuu Karjalan ja Sallan sekä Petsamon luovuttamisista Neuvostoliitolle rauhanehtojen mukaisesti. Tämän vuoksi vuosina 1945-46 lakkautettiin yhteensä 55 kuntaa.

[3] https://fi.wikipedia.org/wiki/T%C3%A4ysi-ik%C3%A4isyys

Myötäiset onnittelut 100-vuotiaalle isänmaalleni

Olkoon tämä kirjanen maamme 100 vuotta täyttävälle isänmaalle minun kotiseututekoni. Olkoon se muistona ajalta, jolloin kotikylässäni oli paljon omaa antia. Oli kauppoja. Oli kansakoulu, oma urheiluseura, palokunnantalo. Oli paljon eri ammattien taitajia. Oli talkoovoimaa runsaasti työvoimaa vaativien tulosten aikaansaamiseksi. Oli omaa sadonkorjuuta omiin aittoihin. Oli paljon yhteisiä juhlia. Kylän omalla kansakoululla pidetyt äitienpäiväjuhlat ja joulujuhlat keräsivät koulun tilat täyteen tuttuja ihmisiä. Se oli sitä yhteisöllisyyttä. Kouluruokaakin saatiin, kun aluksi osittain itse vietiin perunoita, marjoja ja monia muita kotoisia tuotteita. Ajan kyläyhteisössä toimittiin menneisyyden perinteisillä opeilla katse hallittuun huomiseen. Kylätoiminnan sydän oli ihmisten mielialan muodostama. Toisia auttavassa toiminnassa oli jotain kristallista älykkyyttä. Se oli peräisin ihmismielen sisäisestä iloa tuottavasta mielihyvästä.

Traktori oli sotien jälkeen tyrkyllä maatiloille. Se oli väsymätön ja liikkuva voimanpesä. Sen apu osoittautui kuitenkin paljon oletettua tehokkaammaksi. Traktorin ja sitä seuranneen koneellistumisen aikaansaama tulostehtailu tyhjensi maaseutua ihmisistä ja talleja hevosista. Alkoi koneavun tuomana matka ehkä vähän selkä edellä näköalattomasti huomiseen sodan aiheuttamien toimien työllistämänä.

Kaiken ravinnon siemen itää edelleen maaseudun mullassa muodostaen antoisia tähkäpäitä tulevaisuuteen. Maaseudulla on juuret huomiseen. Siellä on aitoa luontoa. Siellä voi nähdä pimeyden. Siellä voi kuulla hiljaisuuden. Voi ihailin auringonlaskua ja kuunnella sateen ropinaa joissakin lammikoissa joskus rakkuloille asti. Luonnolla on luonnottoman paljon annettavaa sen ystävänä pysyvälle ihmiselle. Sellaista saattaa kohdata edelleen myös digimaailman pilvipalvelun avulla rutiiniaikatauluista ja monista toiminnoista irtaantumaan päässyt tulevaisuuden asukas.

Oltuaan useita vuosisatoja Ruotsin valtakunnan Itämaa-nimisenä osana ja runsaat sata vuotta Venäjään kuuluvana autonomisena alueena maamme itsenäistyi vuonna 1917. Itsenäisyysjulistuksen hyväksyi senaatti 4.12. itsenäisyyssenaatin puheenjohtajan Pehr Evind Svinhufvudin johdolla. Eduskunta hyväksyi sen torstaina 6.12.1917. Päivästä tuli Suomen itsenäisyyspäivä. Tänä vuonna 2017 maamme viettää lukuisin tavoin satavuotisjuhliaan.

Reformaation juhlavuosi 31.10.2016–5.11.2017

Maa-alueemme liitettiin Ruotsiin 1150-luvulle ajoitetun ristiretken jälkeen. Tuolloin voidaan samalla sanoa katolisen kirkon aikakauden alkaneen maassamme. Keskiajankin alkaminen voidaan kytkeä tuohon ajankohtaan. Sen loppuminen tapahtui 1500-luvun alkukymmeninä. Katolisen ajan päättyminen kytkeytyy vuoden 1527 Västeråsin valtiopäiviin. Tuolloin muutama vuosi aikaisemmin kuninkaaksi noussut Kustaa Vaasa toteutti uskonpuhdistuksen Ruotsissa. Reformaatio sai aikaan merkittäviä kansaamme kohdistuvia suunnanmuutoksia. Ajan alkaminen on liitetty päivämäärään 32.10.1517. Silloin Martti Lutherin uskotaan naulanneen 95 teesiään anekaupan väärinkäytöksiä vastaan. Luterilaisuuden vaikutus lisääntyi. Kansamme siteet pohjoismaisuuteen lujittuivat.

Merkittävän reformaation maailmanlaajuista merkkivuotta vietetään 500-vuotisjuhlana 31.10.2016–5.11.2017. Suomi on mukana juhlavuoden monissa tapahtumissa. Merkkivuosi liittyy myös Suomen itsenäisyyden 100-vuotisjuhliin.

Kuva 2. Wittenbergin kirkon teesiovi on yksi merkittävä kaupungin nähtävyys. Kuva: H.K.Lähde. 10.7.2010.

14

Äitienpäivä itsenäisyytemme ikäinen

Äitienpäivän juhlimisen idea syntyi maailmalla samoihin aikoihin koti-
kyläni koulun kanssa jo 1900-luvun alkukymmenellä. Äitienpäivä sai al-
kunsa viime vuosisadan alkupuolella Amerikasta. Haluttiin muistaa ja
kunnioittaa sodassa leskeksi jääneitä äitejä. Pian ajatus levisi Euroop-
paankin. Suomessa asia sai ehkä lisäpontta itsenäistymisemme myötä.
Ensimmäinen kyläkohtainen äitienpäiväjuhla järjestettiin Alavieskan kir-
konkylän kansakoululla 7. heinäkuuta 1918 kaikille alueen äideille, mutta
erityisesti maanpuolustuksessa kaatuneiden sankarien äideille.

Nykyiseen ajankohtaan äitienpäivä vakiintui vuonna 1927. Todella
merkityksellisiä yhteisiä juhlia pidettiin tuhansissa maamme kirkonkylissä
ja syrjäisemmissäkin asumakylissä. Kylän kansakoulu oli erityisen sopiva
paikka kyläläisten oman tapahtuman järjestämiseksi. Varsin aikaisin
päivä sai laajempaakin merkitystä. Sodan olosuhteet vaikuttivat asiaan.
Valtakunnallinenkin juhlan vietto sai alkunsa Vuonna 1941.

Seuraavan vuoden äitienpäivänä äidit tulivat erityisen ja harvinaisen ja
ansaitun huomion kohteeksi. Marsalkka Carl Gustav Mannerheim myönsi
10. toukokuuta vuonna 1942 kiitollisuuden ja kunnioituksen osoituksena
äitien pyyteettömästä työstä isänmaan hyväksi arvokkaan tunnustuksen.
Hän myönsi kaikille Suomen äideille Vapauden ristin. Arvostettu huomi-
onosoitus on painettuna kopiona ja kehystettynä nähtävissä kirkois-
samme. Tunnustus annettiin kiitollisuuden ja kunnioituksen osoituksena
äitien pyyteettömästä työstä isänmaan hyväksi. Eduskunta oli kokonai-
suudessaan koolla marsalkan päiväkäskyä vastaanottamassa.

Kodin ja kylän juhlien lisäksi äitienpäivä sai myös valtakunnallisen juh-
lansa. Tasavallan presidentti on toisen maailmansodan päättymisen jäl-
keen vuodesta 1946 alkaen palkinnut ansioituneita äitejä Suomen Valkoi-
sen Ruusun Ritarikunnan 1. luokan mitalilla kultaristein. Mitalit on luovu-
tettu palkituille yhteisessä juhlassa. Tänä vuonna mitalin saajia on 33
henkilöä. Juhlatilaisuus pidetään Säätytalolla Helsingissä.

Vuonna 1947 äitienpäivä tuli viralliseksi liputuspäiväksi. Vuonna 1952
vielä monien muistama hyväntekijä Niilo Tarvajärvi piti suositun Tervetu-
loa aamukahville tilaisuuden äitien kunniaksi.

Marsalkka Mannerheimin päiväkäsky

Sauna ja ruisleipä juhlavuoden tunnustuksia

Suomi on saunakansaa. Se on tullut esille jo ennen itsenäisyyttämme. Joku voisi sanoa, että olemme saunahulluja löylyn lyönneissämme. Kuumuudessa kestämisestä kilpaillaan. Ja kilpaillaanpa myös talvipakkasilla avantouinnin alueellakin. Avannossa voi myös lämmitellä. Vesi on lämpimän puolella. Muistan Vaasan saariston vesialuemittauksista, miten ihmiset joskus lämmittelivät käsiään avannossa.

Merkittävä osuus saunakulttuurin vaalimisessa on Suomen Saunaseura ry:llä. Seura viettää koko kansan juhlavuonna omaa 80-vuotisjuhlavuottaan. Tasavaltamme presidentti Sauli Niinistö on seuran kunniajäsen ja toimii juhlavuoden virallisena suojelijana.

Saunaseura on vuosikymmenien aikana edistänyt saunomisen terveellisen hauskan hulluuden parhaan elämyksen edistämistä. Saunomista on jo kolmen vuosikymmenen ajan juhlistettu viettämällä kesäkuun toisena lauantaina Suomalaisen Saunan päivää. Päivän johdosta on tänä vuonna 2017 koko vuoden avoinna kansalaisadressi Suomalaisen Saunan päivän puolesta. (www.saunanpaiva.fi). Adressi luovutetaan aikanaan sisäministerille. Sen tavoitteena on saada saunan päivä virallisesti almanakkaan ja jopa liputuspäiväksi. Onhan sauna osa suomalaisuutta ja osa kulttuuriamme.

Toinen monista kulttuurimme peruspilareista sai kansalaisten arvostuksen ja tunnustuksen tänä itsenäisyytemme juhlavuonna. Se on terveellinen ruisleipä. Suomalaisen ruokakulttuurin edistämissäätiö Elo järjesti alkuvuonna yhdessä Maa- ja metsätaloustuottajain keskusliiton MTK:n sekä maa- ja metsätalousministeriön kanssa äänestyksen kansallisruuastamme.

Voiton saavutti ruisleipä, joka julistettiin 19.1.2017 Helsingissä matkamessujen yhteydessä kansallisruuaksemme.

Muutoksia puolessa vuosisadassa

Itsenäisen vuosisatamme aikana olleet sotavuodet jättivät merkittäviä seurauksia. Osa niistä näkyy edellä olevassa taulukossa. Sotarintamamme pääosa muodostui miehistä. Siksi on ymmärrettävää, että väestömme sukupuolijakauma muuttui sodan seurauksena. Sodan takia pienentyneelle maa-alueelle siirtyi yli 400 000 muuttomatkalle joutunutta ihmistä. Sotarintamalla olleet ihmiset palasivat kotirintamalle. Oli myös suoritettava mittavat sotakorvaukset. Kummankin rintaman energiahuollosta vastannut kotirintama oli joutunut kovien koettelemusten kurimukseen. Huomattava osa väestöstä ja hevosvoimista kalustoineen oli itsenäisyyttämme puolustamassa. Monet asiat synnyttivät yhdessä ainutlatuisen pula-ajan ostokortteineen, kansanhuoltotoimineen sekä eioo-kauppoineen.

Kuva 3. Suomenhevonen on hoitanut tehtävänsä erinomaisesti niin sotarintamalla kuin kotirintamallakin lähes ainoana hevosvoimien edustajana. Maataloudessa hevonen joutui varsin nopeasti luovuttamaan tehtävänsä traktorille. Maatalouslaitteet olivat helppoja muuntaa konevetoisiksi vähentämällä vetoaisojen lukumäärän puoleen. Metsätöissä hevosta tarvittiin pitempään. Uusien laitteiden kehittäminen vei enemmän aikaa. Kuva Seinäjoen Törnävältä: H.K.Lähde.

18

Arkisen toiminnan liittäminen ihmisen elämään siitä kerrottaessa täydentää todellisuuden tunnetta ja antaa näin ehkä paremmin kunkin ajan ihmisiä ymmärtävän kuvan. Koen sen aina tarpeelliseksi. Kaikki ovat eläneet omassa nykyisyydessään niin kuin mekin elämme. Siksi on oikein tavoitella ihmisten elämää heidän olosuhteittensa näkökulmasta. Aikakelloa emme voi siirtää. Siksi on pyrittävä riisuutumaan nykyisyydestä muilla tavoin. On kuviteltava, miltä olo tuntuisi ilman koneita ja konekäyttöisiä laitteita sekä sähköä, puhelinta, autoa ja polkupyörääkin. Hyvää tulee!

Silloin ennen vanhaan ihmisen elämä aina päivänvalon ensi hetkistä sen viimeisen katoamisen aikaan oli lähes täydellisesti perhekeskeistä ja jopa yhteisöllistä. Elämä alkoi paatermuorin avustuksella usein kotitalon saunassa. Tosin 1930-luvulla alkoi lisääntyä Hämeenlinnan Höyhensaaren ja muiden synnytyslaitosten käyttö. Elämä päättyi usein itkuvirsien esittämiseen kunkin kotikonnulla, vaikka kunnansairaaloita ja vanhainkoteja oli jo tarpeellisessa käytössä. Näin perheyhteys kesti lähes koko ajan osassa maatamme jopa enemmän yhteisöllisen suurperheen avulla.

Mukana oleminen ja tekemällä oppiminen kehittivät ehkä parviälyä. Se antoi toisenlaisen mahdollisuuden peilisolujen kehitykseen. Parviäly näyttää täydellisyytensä lintuparven lennellessä. Mukana oleminen antoi uusia oivallusmahdollisuuksia monia aisteja käyttävälle silmäkameralle. Peilisolut reagoivat toisten liikkeisiin, ääniin, ilmeisiin ja eleisiin. Ne jäljittelevät tekoja ja sitä miltä tuntuu. Se on meille kaikille tuttua matkimista.

Ihmisen lapsuus ja nuoruus olivat minullakin juuri tuollaista mukana olemista ja tekemällä oppimista tulevaisuutta ja omaa itsenäisyyttä varten kotiseudun ja suvun antamilla juurilla ja siivillä. Ihmisen arkisessa toimeentuloa tuottavassa elämässä on tapahtunut toinen mullistava muutos. Muistoissa oli vielä vanha sanonta, jonka mukaan kuu toimi kalenterina ja aurinko ajannäyttäjänä. Ajatus oli hyvinkin tarpeen vielä viimevuosisadan puolivälissä. Silloin lähes 90 prosenttia väestöstämme asui ja toimi maaseudun luonnonläheisissä oloissa. Arjen elämässä ainoa käyttövoima oli oma lihasvoima. Konevoiman vastikkeena toimivat omien lihasten ohella hevosen voimat. Molemmat väsyivät aikanaan toisin kuin koneet. Vipuja ja muita vastaavia konsteja käytettiin apuna.

Nykyajalle tuttuja tekniikan välineitä ei oikeastaan ollut vielä lapsuudessani. Kidekonetyyppinen radio teki kuultavaksi lähes ainoana lähetyksenä Lahden pitkäaaltoista kanavaa. Liikkumisvälineinä oli joku polkupyörä ja talvella kotitekoiset sukset ja kelkat.

Luonnon luonnollisuus - arvaamaton arvo

Maaseudulla on voimavaransa huomiseen. Sen luonnossa on ihmeellinen monipuolisuus. Se muodostaa suorastaan ihastuttavasti yhteensopivia vastakkaisuuksia. Siellä voi olla yksin avaruuden kanssa. Luontoa lähellä on erilainen hiljaisuus ja toisenlainen pimeys. Maalla voi kokea ihmeellisen sinisen hetken. Se on hämärän juhla-aikaa. Kirkas tähtitaivas kimmeltää talviöiden tummuudessa. Kesällä iltahämärä saattaa esitellä lepakoiden taitavaa lentoa niiden oman aistitutkan avulla.

Monet muistikuvat tallentuvat sielunmaisemana myöhemminkin nautittavaksi. Luonto on monenlaisen hyvyyden tyyssija. Sen viherympäristö saa aikaan myönteisiä ajatuksia ja mielikuvia. Aivan haltioituu maaseudun monenlaisten paikkojen anneista. Vesistöt rantoineen ovat houkutelleet niiden suomista elomuodoista kiinnostuneita. Maaseudulta löytyy rauhaa, jota ei muualla ole. Luonto on monipuolinen luonnollisuuksien aarreaitta.

Maaseutu on alkutuotannon aluetta. Sen maaperässä multineen piilee ravinnon alku. Osaa hyödynnetään ravinnoksemme sellaisenaan. Osa siirtyy aikojen kuluessa pidentyneeseen jalostusketjuun. Osa säilyy tai muuntuu maassa uutta ravintoa tuottavaksi. Ihminen viljelee ja varjelee sekä hoitaa maata, jotta se voi puolestaan antaa kasvua oikein, niin että siemen monistuu maassa yhä uutta satoa tuottavaksi. Siksi maaseutu kätkee alueelleen mittavan voimavaran. Se antaa mahdollisuuden jopa utopistisilta tuntuvien tulosten aikaansaamiseen elomuotomme hyväksi. Luonnon monimuotoisuus sisältää mittavia mahdollisuuksia elämän toimintojen ylläpitämiseksi. Onko meidän vaikea sovittaa yhteen luonnon aineellinen anti ja aineettomien antimien merkitys. Toista voidaan mitata rahalla, mutta miten on toisen laita? Riittäisikö uskominen asiaan.

Luonnon hyödyntäminen on muuttunut aikojen kuluessa melkoisesti. Toistaiseksi pisimmän jakson muutosten muokkauksessa ovat toimeenpanneet luonnon monipuoliset mullistukset ja ihmiskunnan tarkoitukselliset toimenpiteet. Eläinkunnallakin on oma merkityksensä. Meidän muuttunutta maa-aluettamme ovat kehittäneet sekä muuttaneet ihmisten lihakset ja eläinkuntamme hevosvoimat monenlaisilla toimilla.

Nykypolvet mukana muutosten tulvassa

Ihmispolvien yhdessä eläminen on tuottanut jatkuvuutta. Perhe on koostunut ainakin kahdesta sukupolvesta. Joskus kolmesta ja harvoin vieläkin useammasta. Ruokakunta on ollut perhettä laajempi. Edeltävillä sukupolvilla on ollut oma elinaikansa. Niin on tulevilla sukupolvillakin. Me nykypolvet muodostamme oman osuutemme jatkumon ketjussa.

Jatkumollamme on keskeinen osa kolmiyhteydessä. Menneisyys kertoo, miten nykyisyyteen on tultu. Huominenkin vaikuttaa jo nykyisyyteen. Ennen vanhaan samankaltainen nykyisyys kesti kauan. Tuulivoiman ja vesivoiman sekä painovoiman muodostama luonnonvoimien kokonaisuus on kestänyt ammoisista ajoista nykypäivään osittain luonnollisena ja osittain ihmiskunnan tarpeisiin kahlittuna. Lämpöenergiakin voidaan ottaa mukaan samaan kokonaisuuteen. Tuon luonnonvoimakokonaisuuden täydentäjänä on toiminut niin ihmisten kuin eläinkunnankin tuotantona toimiva tahdonvoiman tehostama lihasvoima.

Rajoitun tässä yhteydessä maaseudun elämään. Lihasvoiman aikainen toiminta alkoi vuosituhansia sitten ihmisen asettuessa paikalleen asumaan ja viljelemään. Tätä elomuotoa kesti tavallisessa talonpoikaiskylässä suurelta osin lähes viime vuosisadan puolivälin sotiemme aikaan. Silloin kehittyi merkittävien muutosten muokkaama ajanjakso. Olimme tosin siihen vähän varautuneetkin. 1800-luvulla kehitettiin monenlaisia koneita. Keksittiinkin uusia laitteita ihmiskunnan käyttöön. Silloin sai alkunsa koulutus ja kouluttautuminen tulevaisuuteen. Perustettiin jopa virkoja joidenkin suuntausten kehittämiseksi. Tuon vuosisadan loppuajat sisälsivät myös vähemmän toivottuja ja tavoiteltuja tapahtumia. Ne puhkesivat ilmiliekkeihin seuraavalla eli viime vuosisadalla sen ensimmäisellä puoliskolla. Maailmansodiksi kutsutut selkkaukset vaikuttivat paljon myös oman maamme alueen hallintaan ja rajoihimme sekä suomalaisten elämään monin tavoin.

Aluksi saavutimme itsenäisyyden. Pari vuosikymmentä myöhemmin jouduimme sitä puolustamaan. Pääasiassa onnistuimme, mutta emme ilman ihmishenkien menetyksiä. Maa-alueemmekin määrättiin pienemmäksi. Noin kymmenesosa kansastamme joutui kokonaan tai osaksi aikaa kodittomaksi. Karjalan seudulta ja Lapin sodan seurauksena sekä Porkkalan vuokra-alueelta jouduimme asuttamaan noin 700 000 kansalaistamme pienentyneelle alueellemme.

Rajojemme ja veteraanien muistomerkkejä

Maa-alueemme rajat ovat ymmärrettävästi vaikuttaneet niiden lähellä asuvien elämään. Jotkut muutokset ovat aiheuttaneet laajoja tilusjärjestelyjä tilojen pirstoutumisen korjaamiseksi. Siksi pidän tarpeellisena tuoda lyhyesti esille Suomen nykyisen alueen rajahistoriaa kaikilta ilmansuunnilta. Onhan maa-alueemme ollut paitsi Ruotsin ja Venäjän kiinnostuksen kohteena, niin myös laajemmin erilaisten uskontojen vaikutusten raja-aluetta. Siitä on jäljellä pysyvästikin monia elomuotoja tapoineen. Useimmat liittyvät erilaisten juhlapäivien viettoon.

Nykyisen maa-alueemme sijainnilla on rajojen suhteen kolme kokonaisuutta. Länsirajalla on oma syntyhistoriansa. Pohjoisrajallakin on ollut siihen liittyvät syntyhistoriansa. Itäinen raja on kolmas kokonaisuus. Kaikilla on tapahtunut vuosisatojen saatossa pieniä muutoksia. Itäraja on ollut merkittävien muutosten kohteena useammin. Lienee hyvä mainita joitakin rajojen muokkautumiseen liittyviä päätapahtumia.

Kuuluessamme osana Ruotsin valtakuntaan muotoutui maamme itäinen raja monine vaiheineen. Sehän oli samalla tavallaan Ruotsin ja Novgorodin reviirien raja. Sitä voisi kutsua joistakin näkökulmista myös Rooman ja Novgorodin raja-alueeksi. Nimet viestivät omalta osaltaan erilaisista uskontosuunnista. Ne ovat vaikuttaneet monin tavoin suomalaisuuteen. Eroavaisuudet ilmenevät alueiden erilaisissa tavoissa. Useiden juhlien vietossa eroja löytyy runsaasti. Ne ovat tuoneet meillekin monia uusia sovelluksia. Myös monet pakana-ajan perinteet ovat muokkautuneet mukaan nykypyhien viettoon. Monet sekä ortodoksisuudesta että katolisuudesta ja pakanallisista ajoista alkunsa saaneet perinteet ja uskomukset ovat siirtyneet muunneltuina moniin nykyisiin juhlamenoihimme. Reformaatiokin on vaikuttanut elämämme oloihin.

Suomen alue kuului selvästi yli puolen vuosituhannen ajan Ruotsin valtakunnan yhteyteen. Aika on pitkä muuhun hallintohistoriaan verrattuna. Ajanjakson päättymisestä vallitsee tarkempi yksimielisyys. Suomen sodaksi nimitetty aika vuosina 1808-1809 siirsi alueemme Venäjän vallan alaiseksi. Osasta nykyistä Suomea käytettiin Ruotsin vallan aikana myös nimitystä "Itämaa." Suomen sodaksi kutsuttu kamppailu Ruotsin ja Venäjän valtioiden välillä päättyi 17.9.1808 allekirjoitettuun Haminan rauhansopimukseen. Se katkaisi noin 700 vuotta kestäneen hallinnollisen yhteytemme Ruotsiin. Esivanhempiemme asuma-alue siirtyi pääosin Ruotsin kuninkaanvallasta Venäjän keisarivallan yhteyteen.

Rauhansopimuksen myötä syntyi läntinen rajamme. Se on pitkä vesiraja Ahvenanmaan länsipuolitse pitkin Pohjanlahtea jatkuen noin 550 km:n pituudelta Tornion- ja Muonionjokien syvänteitä seuraten ja päätyen Kilpisjärven lähellä Koltajärvessä olevaan Suomen ja Ruotsin sekä Norjan väliseen "Kolmen valtakunnan rajapyykkiin". Siihen päättyi läntinen rajamme. Se on myös naapurimme pohjoisin piste. Ahvenanmaan lisäksi Venäjän alueelle siirtyi osa Västerbottenin lääniä sekä silloiset Kymenkartanon, Uudenmaan ja Hämeen, Turun ja Porin, Savon ja Karjalan sekä Vaasan ja Oulun läänit.

Kuva 4. Kolmen valtakunnan rajapyykki kuvattuna maanmittauslaitoksen 200-vuotisjuhlakortissa. Rajapiste sai alkunsa Ruotsin ja Norjan rajana kahden valtakunnan rajapyykkinä jo vuonna 1751 vahvistetussa Strömstadin sopimuksessa. Haminan rauha teki siitä aluksi myös Venäjän valtakunnan rajapisteen. Vuosina 1810 ja 1887 sekä 1897 tapahtuneiden tarkistuksen perusteella todettiin rajojen yhtymäkohdan olevan Koltajärvessä. Paikkaan tehtiin kivistä pieni saari ja siihen pystytettiin 2,5-metrinen rajamerkki. Nykyinen betoninen merkki maalauksineen on peräisin vuodelta 1926. Maamme itsenäistyessä Venäjän tilalle tuli Suomi.

23

Suomen raja Norjaa vastaan on muotoutunut pääosin Tanskan ja Ruotsin välisellä sopimuksella vuonna 1734 Haltille ja Peltotunturille asti. Sieltä raja vahvistettiin myöhemmin kohti itää. Maamme rajoilla on näin kaksi kolmen valtakunnan rajapyykkiä. Tunnetumpi niistä on edellä mainittu Suomen, Ruotsin ja Norjan yhteinen rajapyykki. Paikka on mannermaamme läntisin ja samalla Ruotsin ja erikoisuutena myös maailman pohjoisin kolmen maan rajapiste. Suomen, Norjan ja Venäjän rajapiste on noin 900 metriä etelämpänä.

Itsenäistyminen merkitsi valtakuntamme rajojen laillistumista. Osa niistä oli muodostunut vuosisatojen aikana. Osa laillistui itsenäistymisen ansiosta. Seuraava muutos tapahtui jo vajaan 30 vuoden kuluttua. Toisen maailmansodan laajoissa kamppailuissa myös meidän itärajamme koki muutoksia. Ne laillistuivat Pariisin rauhassa 10.2.1947.

Meidän sotaveteraaniemme kunniaksi vietetään "Kansallista veteraanipäivää". Juhlapäivän ajankohta on virallisesti Lapin sodan päättymispäivä 27. päivänä huhtikuuta vuonna 1945. Silloin Saksan sotilaat siirtyivät Kilpisjärveltä pois Norjan alueelle. Veteraanipäivän vietto alkoi puolustusministeri Veikko Pihlajamäen vahvistamalla päätöksellä vuonna 1987.

Kuva 5. Tämän muistomerkin pystyttivät kotipitäjäni Lammin hautausmaan yhteyteen Kansallisena veteraanipäivänä 27.4.1994 Lammin reserviläis- ja kansallisjärjestöt sekä Lammin kunta ja seurakunta sotien 1939-45 veteraaneille heidän taistelunsa ja työnsä kunniaksi ja siitä kiitollisina. Kivet ovat panssarivaunuesteitä Salpalinjalta Kuva: H.K.Lähde.

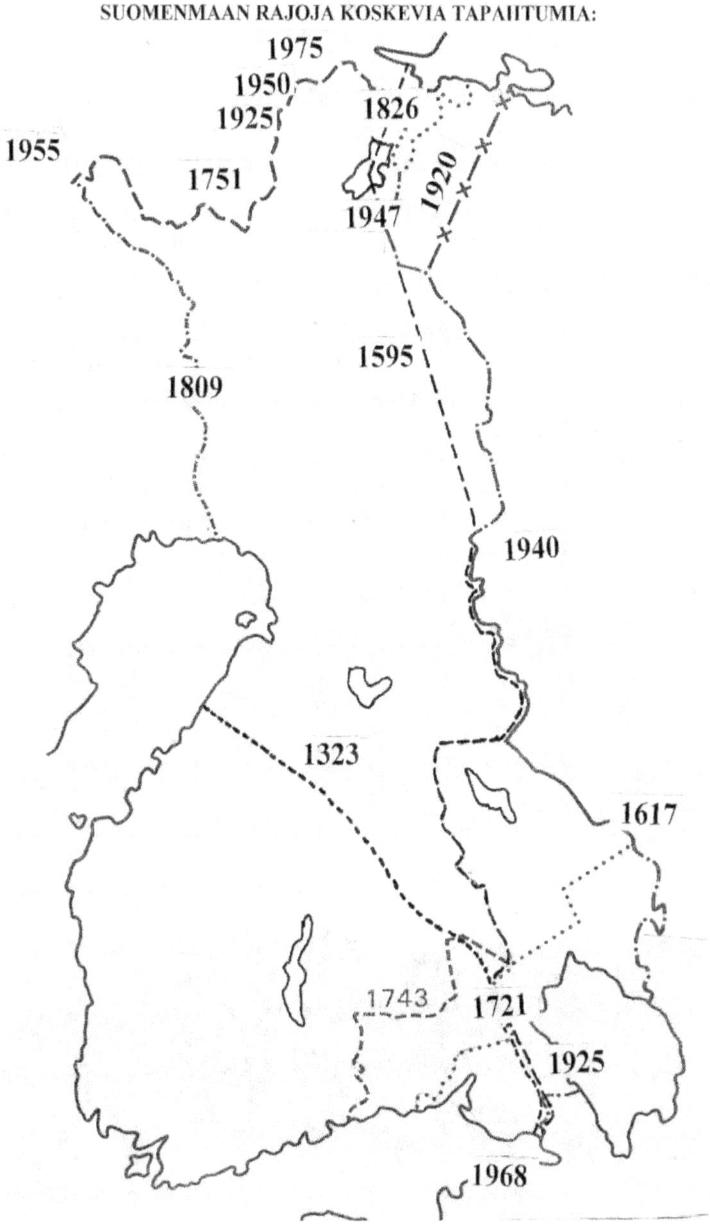

SUOMENMAAN RAJOJA KOSKEVIA TAPAHTUMIA:

1975
1950
1925
1826
1955
1751
1920
1947
1595
1809
1940
1323
1617
1743 1721
1925
1968

Kuva 6. Maamme rajanmuodostukset Ruotsin vallan ajalta viime sotiemme ratkaisuihin. Osa vuosi-luvuista liittyy tarkistustoimenpiteisiin. Piirros H. K. Lähde.

Itärajaa kuningaskunnasta keisarivaltaan ja itsenäiseksi

Maa-alueemme itäisen rajan määräytyminen on ollut selvästi monivaiheisempi ja moniulotteisempi kuin muut. Kuten edellä jo mainitsin, on Roomalla ja Novgorodilla omat heijastuksensa raja-alueiden ratkaisuihin. Onhan Novgorod ollut aikoinaan jopa Ruotsin rajanaapuri. Rajaamme liittyviä ratkaisuja on tapahtunut lähes tuhannen vuoden aikana.

Pähkinäsaaren rauha olkoon ensimmäinen lähtökohta. Nimi johtuu sopimuspaikasta. Se oli Nevajoen suussa Laatokan eteläpuolella sijaitseva Pähkinälinnan linnoitus. Tämä rauhansopimus solmittiin Ruotsin holhoojahallituksen ja Novgorodin tasavallan välillä 12.8.1323. Siinä sovittiin pitkäaikaisista erimielisyyksistä.

Tiedot rajan paikasta ovat varsin epämääräiset. Elettiinhän noin 700 vuotta sitten melkoisesti toisenlaisissa olosuhteissa. Siksi edellä oleva karttapiirroskin on varsin yleistasoinen. Pähkinäsaaren rauhassa Jääski ja Savilahti sekä Äyräpää tulivat Ruotsin kuuluviksi, kun taas Novgorodin alueelle jäi esimerkiksi Laatokan Karjala.

Kuva 7. Pähkinäsaaren seuduilta Laatokan vedet alkavat virrata noin 75 km pitkin Nevajokea kohti Suomenlahtea. Kuva 30.6.2013:H.K.Lähde.

26

Olavinlinnan rakentamisen alkaminen 1640-luvulla aiheutti taas puolustuksellisia erimielisyyksiä. Niitä ratkaistiin 18.5.1595 solmitussa Täyssinän rauhassa. Siinä raja määriteltiin siten, että Pohjois-Suomi ja Savon alue tulivat Ruotsille kuuluviksi. Etelässä raja sijoittui idän puolella Narvajokeen ja pohjoisessa Varanginvuonoon Jäämerellä. Toisena sopijapuolena oli tällä kertaa Venäjä. Stolbovan rauhassa vuonna 1617 raja ei merkittävästi muuttunut.

Monasti Itämaaksi kutsuttu alue kuului vuosisatojen ajan enemmän tai vähemmän suurvalta-asemassa olleeseen Ruotsiin. Ruotsin tappiollinen sota useita maita vastaan 1700-luvun alussa päättyi alueemme venäläismiehitykseen ja lopulta Uudenkaupungin rauhaan 30.8.1721. Rauhassa syntyi yksi aluehistoriamme erikoisalueista. Se oli Venäjälle siirtynyt alue, jota kutsuttiin Vanhaksi Suomeksi. Se käsitti Pietarin kuvernementtiin kuuluneet Viipurin ja Käkisalmen provinssit Suomenlahden ulkosaarineen sekä Viipurin että Käkisalmen ja Sortavalan kaupunkeineen. Vanha Suomi on pisimpään Venäjään kuulunut Suomen alueista. Aikaa kesti lähes 200 vuotta vuoteen 1917 asti. Alueella vallitsi moninaisuus. Asukkaat olivat aikakauden suomalaisia. Hallinto oli venäläinen, mutta sitä hoidettiin ruotsin kielellä ruotsalaisten lakien perusteella niin kuin koko autonomista aluettamme sen siirryttyä vuonna 1809 Ruotsin hallinnasta Venäjän ohjaukseen.

Aluekiista jatkui pikkuvihana. Se päättyi Hattujen sodan myötä 1743 solmittuun Turun rauhaan. Vanha Suomi laajeni Kymenkartanon provinssilla rajan siirtyessä Kymijokeen ja Mäntyharjun reittiin sekä vielä pohjoisempana osittain Saimaaseen. Alueeseen kuuluivat Haminan ja Lappeenrannan kaupungit.

Venäjän osana jo lähes vuosisadan ollut Vanha Suomi eli Suomen kuvernementti yhdistettiin 11.12.1811 julistuksella Suomen suuriruhtinaskuntaan eli Uuteen Suomeen Viipurin läänin nimellä 1812 alusta lukien. Uusi Suomi oli muotoutunut Suomen sodan tuloksena vuonna 1809.

Autonominen Suomi oli Venäjän osa itsenäistymiseensä asti. Itsenäistyessään runsas sata vuotta myöhemmin maamme aluetta ympäröineet rajat muodostuivat Suomen valtakunnan rajoiksi.

Alueella oli monia erilaisia määräyksiä tapoineen ja tottumuksineen. Monet itärajan muutokset vaikuttivat maamme asukkaiden elämään sekä edullisesti että epäedullisesti. Muistakaamme vain esimerkiksi tervan ja puutavaratuotteiden vientiin vaikuttanut satamakaupunkien asema ja Pietarin alueen vaikutus sen lähellä olevaan Suomen alueeseen.

Silloisen Suomen autonomian aika alkoi Suomen sodan päättäneessä Haminan rauhassa 17.09.1809. Ruotsille kuulunut alue Suomea siirtyi Venäjän alaisuuteen. Tällä alueella jäivät voimaan monet maamme elämää ohjanneet Ruotsin vallan aikana vahvistetut lait. Myös osa paikallisista virkamiehistä sai jatkaa tehtäviensä hoitamista. Ylin johto oli kuitenkin kantavenäläisten hallussa. Ruotsilta maallemme ikään kuin perintönä tulleet laaja lainsäädäntöpaketti sekä monet virkamiehet olivat eittämättä maallemme eduksi. Nehän muodostivat tietynlaisen jatkumon maan hallinnon ja kansalaisten välille. Suuret muutokset näissä olisivat varmaan vaikuttaneet kielteisesti kansalaistemme elämään.

Rajamuodostusten yhteydessä syntyi Vanhaksi Suomeksi nimetyn alueen ohella myös Kymenkartanon lääniksi kutsuttu alue. Kummallakin on ollut aluekohtaisia erilaisuuksia verrattuna toisiinsa ja siihen pääosuuteen, joka siirtyi Ruotsin yhteydestä vuonna 1809.

Monenlaisia erikoisuuksia ja erilaisuuksia on tietysti löydettävissä runsaasti myös muiden alueiden perinteissä ja jopa säädöksissäkin. Esimerkkeinä mainittakoon raja-alueiden ohella vaikkapa Ahvenanmaa ja Lapin alueet sekä saamelaiset.

Karja ja ihmiset tallasivat oikopolkuja tolallaan

Paikasta toiseen kulkeminen on ollut tarpeellista kautta aikojen. Ahkera käyttö synnytti kulkuväyliä. Linnuntiet taivaalla eivät juuri jälkiä jättäneet. Eipä jäänyt vesialueen pintaankaan pitkäaikaista vanaa tervantuoksuisen soutuveneen kulkua osoittamaan. Airojen kosketus tyyneen järvenpintaan levisi laajenevana ja hiipuvana ympyränä ja katosi vähitellen. Peräänsä vene muodosti soutajan näkökulmaan oman kaukaisuuteen leviävän ja katoavan kulkuvanan. Tuulella se hävisi nopeammin. Talvella kulkeminen sai aikaan pitempään säilyvän jäljen. Luistimen kuvio tai jalkaraudan jälki sekä hevosen hokit saivat aikaan kirkkaalla jäällä pysyvämpiä kuvioita liikkumisesta kertomaan. Lumisade ne aikanaan peitti.

Maan pinta toimi toisin. Siinä on vaikea kulkea jälkiä jättämättä. Polut muodostuivat ihmisjalkojen tai eläinten tallaamisesta. Lähtöpaikka ja päämäärä olivat kaksi tärkeää tekijää. Maaston vaikeus vaikutti jo enemmän väylän valintaan. Oikopolkujen vaistoaminen oli luontaista kulun suuntautumista. Lyhin tie ei ollut oikeastaan koskaan paras vaihtoehto. Kulkemisen helppous ja maaston laatu vaikuttivat voimakkaammin. Syntyi mutkaisia kinttupolkuja. Maatilan sisäisessä liikenteessä niiden suunta jäi usein pysyväksi. Laitteiden leventyessä polutkin saivat lisää leveyttä. Mitä enemmän samoja paikkoja kuljettiin, sen selvemmäksi kulku-ura muodostui. Samojen periaatteiden soveltaminen vaikutti myös laajemmin tieyhteyksien syntyyn. Syntyi vähitellen maatilan sisäinen kulkuverkosto. Talojen välinen kulku kehitti kylän sisäisiä tieyhteyksiä. Yhteydenpito laajeni monenlaisten kulku- ja kuljetustarpeiden mukaan.

Kulkuverkoston laajenemista tapahtui kaukaisten asemapaikkojen yhteydenpidon vaikutuksesta. Sen ohella merkittävä vaikuttaja oli niin ihmisten kuin tavaroidenkin kulku tai kuljetustarve. Merkittävä jo lähes vuosituhannen ikäinen kulkuverkosto muodostui maa-alueellemme monien linnojen rakentamisen ja käyttämisen tarpeisiin. Tieyhteys tuohon aikaan oli hevosten ja hevosvetoisten kuljetusten vaatima. Kaksikaistaista hevosväylää ei ollut. Usein väistöpaikkoja oli haeskeltava tai suunniteltava. Kuninkaiden ja keisareiden sekä muiden merkittävien henkilöiden matkaseurue ja tavarakuljetus edellyttivät jopa useiden kymmenien hevosten vetämien laitteiden kulkujonoja. Kaikki tarpeellinen oli kuljetettava mukana. Niinhän on nykyäänkin. Joka autossa on polttoainetankki.

Kestikievareilta moottoriteille uusin välinein

Siirtyminen paikasta toiseen on kautta aikojen ollut tarpeellista ihmisille. Myös tavaroiden ja tiedon kuljettaminen on ollut tarpeen. Liikkuminen tapahtui pääasiassa jalan ja ratsain aina 1800-luvun loppupuolelle asti. Kulkuväylät kehittyivät kapeista metsäpoluista luontoa halkoviksi moottoriteiksi. Aikaa kului. Vasta 1920-luvulla maassamme soratie sai muutaman kilometrin matkalle bitumipäällysteen kokeilun vuoksi. Kulkijoille talviaurattuina tarjottuja väyliä oli tuolloin vain muutama peninkulma. Vesiväylät olivat ympäri vuoden tärkeitä liikkumisalustoja. Tavarain kuljetus vaati sekä kantavia että vetäviä voimia kantavilla alustoilla ja sopivilla välineillä. Suurin liikkumistarve oli kruunun tarpeiden vuoksi. Tavaroita kuljetettiin linnojen välillä. Myös postin kulku oli tärkeää.

Ratsain kulkeminen sekä karjan liikkuminen saivat aikaan kapeina mutkittelevia metsäpolkuja. Kulkutarpeiden lisääntyessä kuljetuslaitteet kehittyivät. Peräpäästä maata laahaavat hevosen vetämät aisat eli purilaat vaativat jo polkuja leveämmän käyttöalueen. Purilaita oli käytössä vielä viime sotiemme aikaan. Hevonen kannatti ja veti taakkoja. Maatilalla niitä vedettiin. Sotarintamalla 1940-luvulla purilaat olivat sidottuina kahden hevosen väliin. Yhdistelmä toimi vaikean maaston ambulanssina.

Vanhimpia mittavia kulkuverkostoja on vuonna 1638 virallisen alkunsa saanut Suuri postitie Turun ja Tukholman välillä. Vuoden 1734 maamme eli Ruotsin laajassa lainsäädännössä oli jo varsin seikkaperäisiä säädöksiä kulkemisesta ja kuljetuksista. Kokonaisuutena sitä voidaan kutsua kyytilaitokseksi. Kestikievarit olivat sen merkittävä osa. Rättäri tuli olla lähes joka kylässä matkustajien kulkemisen järjestämistä varten. Vuosina 1500-1800 hän oli nimismiehen apulainen. Nimismiehelle kuului pitkään vastuu teistä. Muistona kansalaisilla siitä ovat sorateiden nimismiehen kiharat.

Kuljetusvastuu ja väylien ylläpito olivat talonpoikien huolena. Jo varhain kehittyivät alueellemme tutut Hämeen härkätie sekä Viipurintie ja Savontie sekä myös pohjoinen suuntaus. Kulkemista oli paljon. Kruunun seurueet käsittivät kymmeniä valjakoita kuormineen. Ruokatavara kulki talvisin säilymisenkin vuoksi. Asiaa hoitamaan kehitettiin kestikievarilaitos. Talonpojat valitsivat nimitetyn miehen hoitamaan asioita. Posti siirtyi kestikievareiden vastuulle vuonna 1845. Postitalonpoika kulki ratsain ilmoittaen torvellaan tulostaan vaihtokievariin. Uuden postinviejän tuli olla valmiina välittömästi jatkamaan kuljetusta. Kievaritaloja eli tavernoja tuli olla noin parin peninkulman välein. Niissä tuli olla eri tasoisia majoitus- ja ruokailumahdollisuuksia. Kotipolton tuotteitakin tuli olla tarjolla näissä tavernoissa. Tupaa, jossa hollissa olevat kyytimiehet oleskelivat, sanottiin hollituvaksi. Hollia eli sen aikaista kyyditystä varten tuli talonpoikien toimittaa vuorollaan miehiä ja hevosia matkustavaisia varten.[4] Kievarijärjestelmässä olivat mukana aikaisemmin myös pappilat ja vauraat talonpojat, joista valittiin myös nimismies. Vuonna 1883 saivat kunnat mahdollisuuden päättää hollikyydistä luopumisesta. Tehtävän huutokauppaaminenkin oli mahdollista määräajoiksi. Kestikievareita oli toiminnassa vielä 1950-luvulla valtioneuvoston määräämissä kunnissa. Kyytilaki kumottiin vasta 1955. (Utsk.s.859).

Toissa vuosisadalla hallintomme päätti vuonna 1898 Ruotsin vallan perua olevan liikenteen muuttamisesta vasemmanpuoleisesta oikeanpuoleiseksi. Teitä alettiin myös luokitella. Kihlakunnantiet, maantiet ja pitäjäntiet sekä vähitellen osa kyläteistäkin tuli yleisiksi teiksi. Vuonna 1865 rinnalle tulivat vielä kunnantiet. Vuoden 1918 tielaki muutti maanteiden pitorasituksen maanomistajien vastuulta valtion velvollisuudeksi. Vuonna 1927 tienpito määrättiin maanteiden osalta valtiolle ja kunnanteiden osalta kunnalle. Kylätiet pysyivät käyttäjäosakkaiden vastuulla. Valtion vastuu on edelleen lisääntynyt osittain myös yksityisteiden avustusten kautta. Kylän sisäisen liikenteen tiestö on kokenut kaksi isoa muutosta. Kyläkohtaisissa isojaoissa tarpeelliset kulkuväylät "karttatiet" muodostettiin yhteisiksi teiksi. Karttatiet lakkautettiin 1.3.1970, ja liitettiin rajoittuvien tilojen tiluksiksi. Tarpeelliset kulkuyhteydet jäivät kuitenkin voimaan rasiteluontoisina.

Soratie tuli tutuiksi nuoruudessani. Hevosenkenkien nauloja oli runsaasti teillä. Eturengas nosti naulaa ja takarengas puhkesi. Jonain päivänä jouduin paikkaamaan renkaan jopa kolmasti. Lyhyt pätkä moottoritietä tuli autokäyttöön vasta vuonna 1962 Munkkiniemen ja Gumbölen välille.

31

Maamme Ruotsin eväin Venäjän osaksi

Maa-alueemme oli ollut ajan virrassa tavallaan läntisen kirkon ja uskonnon itäisen muodon vaikutuspiireissä. Läntinen kirkko otti meidät alueelleen vajaa vuosituhat sitten. Vanha Novgorod sai läheisyyteensä Pietarin Venäjän pääkaupungiksi ja tarvitsi oman turva-alueensa. Suomen alueen kiinnostavuus isojen pöydissä lisääntyi. Se johti vuosina 1808-1809 käytyyn sotaan Ruotsin ja Venäjän välillä oikeastaan Ranskan keisari Napoleonin ja Venäjä tsaarin Tilsitissä 7.7.1807 solmitun rauhansopimuksen kautta. Ruotsin kuningas Kustaa IV Adolf antoi 1.2.1808 liikekannallepanokäskyn. Siitä seurasi Suomen sodaksi kutsuttu sotatoimi, joka kesti vajaat kaksi vuotta ja päättyi 17.9.1809 Haminan rauhaan. Sen seurauksena Ruotsin itäiset läänit eli silloinen myös Itämaaksi kutsuttu maamme alue siirrettiin Ruotsin alaisuudesta osaksi Venäjää.

Maa-alueemme hallinnolliseksi asemaksi tuli autonomiaan pohjautuva Suomen suuriruhtinaskunnaksi kutsuttu maa-alue. Siitä tuli autonominen alue. Keisari vahvisti suomalaissyntyisen hallituskonseljin ohjesäännön 18.08.1809. Tämä Suomen senaatti piti avajaisistuntonsa 2.10.1809 Turussa Richterin talossa.

Olomme perusta pohjautui edelleen käyttöömme jääneeseen Ruotsin lainsäädäntöön. Huomattava määrä Ruotsin 1700-luvun lainsäädännöstä on edelleen meillä voimassa olevaa oikeutta. Sitä on tietysti terminologialtaan ja vähän muutenkin nykyaikaistettu. Kansalaisille merkittävä asia oli mielestäni myös se, että kansaa lähellä oleva tuttu virkamiehistö jäi kansan lähimmäksi virkamiehistöksi. Ne tuottivat turvallisuuden tunnetta ja mielihyväkin arkisen elämän perinteiseen jatkuvuuteen. Se kuvastaa tapaa, jolla on pyritty kaikin puolin hyväksyttyyn yhteiseen tulokseen. Meillä oli mahdollisuus kasvaa oikein käytetyillä itsenäisyystyyppisillä vapauksilla edeten osaamistaitojen hallitsemisen kasvun tiellä. Hankittiin voimavaroja ja niiden tuloksilla päästiin toteuttamaan huomistamme. Vuosisadan alku tuottikin tulosta. Myöhemmät katovuosien ajat toivat vähän vastoinkäymisiä ja lisävaikeuksia. Mutta elimme rauhan aikaa "Oolannin sotaa" lukuun ottamatta. Oma rahakin tuli 1860.

Kirkkopitäjän tehtäviä kunnallishallinnolle

Kristinuskon levitessä maa-alueellemme muodostui lähinnä jo olleen järjestelmän pohjalta kirkkopitäjiksi kutsuttuja hallinnollisia alueita. Tuon seurakunnallisen itsehallinnon päättävä elin oli pitäjänkokous. Sen rinnakkaisjärjestelmänä oli hallintopitäjäjärjestelmä. Hallintopitäjien toimialueina olivat lähinnä oikeudelliset ja hallinnolliset asiat. Pitäjäjärjestelmien rajat olivat osittain toisistaan poikkeavia. Nimismies oli merkittävä virkamies hallintopitäjissä.

Järjestelmässä tapahtui oleellinen ja merkittävä muutos 1860-luvulla. Kirkkopitäjäjärjestelmä loppui. Myös hallintopitäjät hävisivät. Tämä merkittävä tapahtuma oli koko aluettamme koskeva sisäinen rakennemuutos. Kaupungeilla oli jo oma hallintonsa. Maaseudun toimintaa ohjasi suuresti kirkkopitäjäpohjainen hallinto. Vuosisadan loppupuolella vuonna 1865 Keisarillisen Majesteetin Armollinen Asetus kunnallishallituksesta maalla määräsi kirkkopitäjien vastuulla olleet maalliset asiat siirrettäväksi maalaiskuntien tehtäviksi. Hengelliset asiat jäivät luterilaisten seurakuntien hoidettaviksi väestökirjanpito mukaan luettuna.

Asetuksen seurauksina oli monia merkittäviä ohjauksia tulevaisuuteen. Kansan opetus ohjautui seurakuntien kiertokouluista vähitellen kunnallisen kansakoulujärjestelmän puitteisiin. Lukkarin pätevyysvaatimuksiin kuulunut rokottaminen ja rokonistutus siirtyivät laajenevan kunnallisen terveydenhuollon piiriin. Isorokon hallinta olkoon yksittäisenä esimerkkinä. Paikallishallinnollinen kunta teki paljon ihmisen arkeen vaikuttavia päätöksiä.

Pitäjä toimi 1800-luvun lopulle asti niin "maallisten kuin kirkollistenkin" paikallisten kokonaisuuksien nimenä. Nykyään se on lähinnä historiaa. Merkittävän sisältönsä vuoksi saattaisi olla perusteltua ottaa pitäjänimitys korvaamaan ja kuvaamaan lakkautettua kuntaa muutosten myllerryksessä.

SUOMEN   N:o 4.

SUURIRUHTINANMAAN

ASETUS-KOKOELMA.

(Ylösluettava Saarnastuolista.)

Keisarillisen Majesteetin Armollinen Asetus

kunnallishallituksesta maalla.

Annettu Helsingissä, 6 p:nä Helmikuuta 1865.

Me ALEKSANDER Toinen, Jumalan Armosta, Keisari ja Itsevaltias koko Wenä-
jänmaan yli, Puolanmaan Tsaari sekä Suomen Suuriruhtinas, y. m., y. m., y. m.,
teemme tiettäväksi: Suomenmaan Säätyjen alamaisesta kehoituksesta tahdomme
Me Armossa vahvistaa seuraavan Asetuksen kunnallishallituksesta maalla:

1 Luku.

Yleisiä sääntöjä.

1 §.

Kukin seurakunta maalla on itsepäällensä erinäinen kunta, jonka jäsenten
tulee, laissa määrättyin rajain piirissä, hoitaa yhteiset järjestys- ja talousasiansa,
joll'eivät ne, voimassa olevien asetusten jälkeen, kuulu julkisen virkakunnan tahi
oikeuden toimi-alaan.

2 §.

Jos useampia seurakuntia on yhdistynyt yhden kunnallishallinnon alle, jää-
köön asia sillensä vastaiseksikin, niin kauvan kuin he siitä sopivat. Jos he tahtovat

Kuva 8. Keisari antoi asetuksen kuntien hallinnosta maalla 6.2.1865.

Kekseliäisyys hyödynsi luonnonvoimia

Ihmiskunnan alkuaikoina kehitettiin runsaasti monia toimintaa auttavia tapoja ja esineitäkin. Tuli oli käytössä satojen vuosituhanten ajan ennen ajanlaskuamme. Tuulimylly viime vuosituhannella oli erinomaisen tärkeä energian tuottaja noin 700–800 vuoden ajan. Nyt se tekee paluutta avuksemme ekologisella tavalla. Polkupyöräkin on keksitty uudelleen. Siinä on apumoottori auttamassa liikkumista. Mitä lähemmäs nykyisyyttä tulemme, sitä nopeammin tekniikka vanhenee. Kertakäyttö tunkeutuu toimiimme lyhentäen käyttöikää ja isontaen lukumäärää.

Ihmisillä on ollut vuosituhansien kuluessa hämmästyttävän monipuolinen taito käyttää erilaisin menetelmin niin painovoimaa kuin ilman ja veden nostetta ja aineiden laajentumista ja supistumista sekä muuttumista olomuodosta toiseen vaikkapa lämpötilan tai painemuutosten avulla. Ihmiset itse toimivat monipuolisesti niin yksin kuin raskaimmissa tehtävissä yhteisesti yrittäen. "Minkä voimassa voittaa, sen matkassa menettää." Syvästä kaivosta saatiin vettä ylös veiviä kiertämällä tai pihassa olevan vinttikaivon avulla. Useissa asioissa käytettiin vipua ja vierittämistä monin eri tavoin. Aina eivät yksin tai yhdessä toimimisen keinot apulaitteineen riittäneet. Onneksi luonto tarjosi omia luonnollisia voimiaan avuksi.

Maan vetovoimasta johtuvan painovoiman suuntaa voitiin muunnella monin keinoin, kuten esimerkiksi vesivoiman käytössä. Vesi toimi myös kantavana voimana sen pinnalla liikuttaessa tai suuriakin tavaramääriä kuljetettaessa. Paikasta toiseen siirtymisessä oli tuulivoimasta suuri apu purjehdittaessa. Liitelemiseen käytettiin ilman voimia. Tuulen tehoihin turvauduttiin myös maataloudessa monin tavoin. Käyttöön kehitettiin muutamia vuosisatoja sitten monenlaisia laitteita.

Isojako loi perustan kylille ja taloille

Maatalous on vaikuttanut maailman sivu kehittyneen yhteiskunnan perustuksiin. Erityisesti 1800-luku muodosti ja muokkasi maatalousvaltaisen yhteiskunnan kivijalkaa maa-alueellamme. Erilaisia alueiden hallinta- ja käyttötapoja on ollut ymmärrettävästi kautta aikojen. Sarkajako ja isojako ovat niistä ajassa läheisimmät ja merkittävimmät.

Useita vuosisatoja kestänyt sarkajako koski yleensä kylän kotipalstan rintapeltoja ja osaa niityistä. Talonpoika sai viljeltäväkseen kylvöstä korjuuseen saran sieltä toisen täältä. Satokauden ulkopuolella alue oli esimerkiksi yhteistä laidunaluetta kyläpaimenen käytössä. Seuraavana vuonna talonpoika saattoi saada ihan eri saran kylvämistään varten. Sarkajaon suorittivat kyläläiset itse. 1700-luvulla olot vainiopakkoineen ja kyläjärjestyksineen alkoivat väistyä. Kaiken toiminnan ollessa yhteistä syntyi tietysti kyläyhteys ja yhdessä toimimisen tahtojahenki. Talkootoiminnan idea on ilmeisen iäkäs. Osa pelloista saattoi olla talonpojan yksityiskäytössä. Hänellä oli oikeus raivata omaa aluetta, jos muillakin oli sama mahdollisuus. Talonpoika hallitsi verotuksen mukaista kyläosuutta kylän alueesta. Metsämaa kuului kruunulle. Isojaossa se jaettiin taloille. Tästä uudenlaisesta omaisuudesta syntyi 1800-luvun jälkipuoliskolla kehittyvän metsäteollisuuden myötä merkittävä ja yhtenäinen maatilakokonaisuus metsätalouden tukemasta maataloudesta. Metsä antoi työtä ja rahoitusta hankintoihin.

Isojako oli maatalouspolitiikan tärkein ja kauaskantoisin aikaansaannos. Mittava tehtävä alkoi 1700-luvulla ja jatkui 1900-luvulle käsittäen koko valtakunnan. Toteuttaminen painottui 1800-luvulle. Sen suorittaminen toi maaseudun ja maatalouden toimintaan merkittävästi edellytyksiä ja uudistuksia. Kylän ja maakirjatalojen rajat määriteltiin ja merkittiin maastoon kivisillä rajamerkeillä varustettuina ensi kerran ja samalla myös kartoille. Kattava toimenpide yksityisti maaseudun. Se muutti olosuhteita joillakin alueilla lähes mullistavasti. Jaossa muodostettiin kylä- ja tilajärjestelmä yksityisomistuksen pohjalta. Kukin talollinen ja tilanomistaja saivat tilukset kokoaikaiseen omaan käyttöönsä. Jaon perusteena olivat yleensä alueen veroluvut.

Kruunun kylälle antamasta liikamaasta[5] muodostettiin uudistaloja ja uudisasutustorppia. Vesialueet jäivät jakokunnan eli yleensä kylän talojen yhteisiksi. Samoin kävi monille pienemmille soran, mudan tai saven ottopaikoille. Näin määräytyivät kylien ja talojen sekä tilojen maa-alueet. Järjestelmä sai lisämerkitystä 1970-luvulla. Jaossahan luotiin selkeä paikkaan planeetallamme perustuva kunta-kylä-talo-tila-järjestelmä. Kun monet kansalaisia ja erilaisia rakenteita koskevat rekisterit luotiin paikkaan perustuviksi, saatiin erillisrekistereiden yhteiskäytölle sopiva avain. Esimerkkinä niistä mainittakoon ihmisiä, tiloja ja rakennuksia koskevat tietojärjestelmät. Koko valtakuntaa koskenutta isojakoa on täydennetty 1900-luvun puolella monilla uusjaoilla.

Huomattava määrä taloja ja metsiä jäi isojaoissa tietenkin kruunun ja seurakuntien hallintaan. Kaikki nekin tulivat maastossa rajoin osoitetuiksi. Kiinteistörekisterien mukaiset kylien rajat ovat pysyneet kunnanrajojen muutoksista huolimatta isojaon aikaisina nykypäiviin asti. Se onkin luonnollista, koska meitä koskevat monet erilaiset rekisterit tunnuksineen pohjautuvat paikkaan maapallolla. Tämän katasterijärjestelmän eli tietynlaisen taloaluejärjestelmän kehittämistä monissa Euroopan ja Afrikan sekä Aasian maissa on maanmittauslaitoksemme ollut maailmanlaajuisesti ohjaamassa jo muutaman vuosikymmenen ajan.

Sarkajaon aikaiselle maataloudelle isojaot merkitsivät talonpojan lähinnä manttaalilla mitatun kyläosuuden muuttumista konkreettiseksi maalle talokohtaisen omistamisen rajoilla merkityksi alueeksi. Sarkajaossa metsät kuuluivat kruunulle. Isojakoja edeltävät olosuhteet olivat hyvinkin toisistaan poikkeavia eri osissa maatamme. Isojako muutti kuitenkin oleellisesti maaomaisuuden hallinnan ja omistuksen sisältöä sekä loi uudenlaisia edellytyksiä koko maaseudun toiminnalle. Isojaossa kruunun liikamaiden siirtyminen tilanmuodostukseen loi monin paikoin useita uusia asumakyliä.

---

7. Lähde 2007. Väitöskirja torppareista.

1800-luvulla koulutusta ja konekeksintöjä

Maatalous oli monin tavoin perinteistä tarpeellisten laitteiden käytön suhteen. Nekin olivat pääasiassa itse tehtyjä viime vuosisadan alkupuolelle asti. Taidot kulkivat perinteinä isältä pojalle. Kaikki tapahtui tekemällä oppimisen kautta. Viime vuosisadan puolivälissä elettiin tavallisessa talonpoikaiskylässä tuon maatalouden elinkaaren loppua. Uudistuksia kehiteltiin koneellistumisen kautta. Siihen liittyi uusien taitojen ja tavoitteiden kehittely. Oli odotettavissa siirtyminen omavaraistaloudesta tuotantotalouteen. Se merkitsi muun muassa karjanpidon muuttumista karjataloudeksi. Karjahan on ollut jo kauan maatalouden selkäranka. Koneellistumisen ja koulutuksella aikaansaatujen uusiotaitojen eväät luotiin paljolti 1800-luvulla. Aika oli muutosten edellytysten valmistelua. Keksintöjä kehiteltiin niin Amerikassa kuin Euroopassakin. Myös omalla maaalueellamme oivallettiin venäläisen autonomian aikana kehityksen kelkassa pysymisen merkitys. Taottiin kuumaa rautaa. Luotiin seurojen kautta kyläyhteisöjen ideapankkeja ja koulutettiin muutoksen valmentajia alan oppilaitoksissa.

Maanviljelysseuroja syntyi vuosisadan puolivälin molemmin puolin. Järjestettiin kokouksia ja näyttelyitä. Kyntörengiksi kutsuttu kyntöneuvoja aloitti skotlantilaisauran käytön opetuksen Suomen talousseuran palkkaamana vuonna 1840. Seura oli perustettu jo 1.7.1797 Turussa nimellä "Kuninkaallinen Suomalainen Huoneenhallituksen Seura." Vuonna 1859 senaatin toimin perustettiin valtionagronomien virat Hämeenlinnaan ja Savonlinnaan. Kuopio sai lääninkarjakon vuonna 1865 ja kaksi vuotta myöhemmin joka lääni sai senaatilta oikeuden kahden neuvontakarjakon palkkaamiseen. Julkaisutoimintakin lisääntyi.

Oppilaitoksista suuri merkitys oli vuonna 1860 valtion haltuun siirtyneellä Mustialan opistolla. Se perustettiin ensimmäisenä käytännöllis-tietopuolisena maanviljelysoppilaitoksena Tammelan kunnan Mustialan kylään. Opetustoiminta alkoi vuonna 1865.[6] Maahamme syntyi monia maamieskouluja, maamiesseuroja, pienviljelijäyhdistyksiä ja monen alan neu-

---

[6] https://fi.wikipedia.org/wiki/Mustiala

vonantajia uuden tietouden levittäjiksi. Suuntaus uusiin toimintamuotoihin tarvitsi ja sai uusia perustavia tietotaitoja. Suurille tiloille ja kartanoille oli jo hankittu joitakin lihastyötä helpottavia laitteita.

Muokkaus oli ensimmäinen iso tehtäväalue. Risukarhit ja härän ies[7] olivat alkukantaisia muokkausvälineitä. Hevonen ja piikkiäes korvasivat ne myöhemmin. Monenlaiset aurat, äkeet ja hankmot muokkasivat peltoa viljan kylvöön sopivan kuohkeaksi. Kääntöaura kehitettiin Mustialassa vuonna 1850. Fiskars tuli tunnetuksi auratyypin tehdasmaisesta valmistuksesta. Käsin kylvetty siemenvilja tuli aina mullittaa. Lopuksi pelto jyrättiin. Kylvökone muutti tapoja ja toimenpiteitä vuonna 1881.

Vuosisadan merkittävä symboli on höyrykone. Hiiltä tulipesäänsä nielevä tulikone sai aikaan oleellisen muutoksen työssä. Laite oli aluksi raskas ja vaarallinenkin. Höyrykone vaikutti voimakkaasti tehdaslaitosten syntymiseen. Kone siirtyi merille, ja nousi kiskoille. Niinpä "Lemminkäiseksi" ristitty tulihevonen kiskoi vihkiäisjunan Hämeenlinnaan 31. tammikuuta 1862 kello 11. Tapahtuma loi uutta kulttuuria ja taaja-asutusta. Kellokin alkoi tulla välttämättömäksi aikataulutetun ajan myötä.

Höyrykone aloitti maatalouden matkan kohti koneellistumista. Höyrykoneen ohella vuosisadan aikana syntyi myös muita mittavia muutoksia arkisen elämän eri alueilla. Virtaava vesi valjastettiin yhä enemmän 1800-luvulla. Teollisuustuotanto keskittyi paljon kaupunkeihin aiheuttaen monia uudenlaisia toimenpiteitä, kuten terveellisyyttä edistäviä viemärilaitoksia.

1800-luvun keksintöjä käynnistyi laajasti mutta hitaasti. Keinot ja koneet saivat seuraavalla vuosisadalla runsaasti jalansijaa. Ne aiheuttivat vähitellen merkittäviä rakennemuutoksia. Näitä siirtymisiä tavoista toiseen tapahtui monesta syystä. Moottorien ja muiden koneiden käyttöaineena oli aluksi vesihöyry, jonka lämmöllä aikaansaamiseen käytettiin puuta ja hiiltä. Toisenlaisena polttoaineena toimivat nestemäiset polttoaineet. Merkittävä näkymätön käyttövoima oli sähkö. Se vaati kuitenkin siirtymiseen paikasta toiseen johdon. Vähitellen sähkövoiman varastoimiseen ja kuljettamiseen kehitettiin akkuja ja paristoja. Niiden lataaminen uudelleen toi uusia mahdollisuuksia.

---

[7] Härän ies kiinnitettiin sarvien väliin. Siihen kytkettiin vetolaitteesta tuleva yhdysköysi tai vastaava.

Väestörakenteen muutos 1700-1900

Maa-alueemme väestö on kokenut runsaan kolmen vuosisadan aikana muutamia niin sääolojen kuin sairauksien aiheuttamia kovia koettelemuksia. Vuosina 1695-1697 oli suuriksi kuolonvuosiksi kutsuttu noin kolmen vuoden ajanjakso. Se oli ehkä kylmin jakso parin kolmen vuosisadan mittaisesta pikku jääkaudesta. Kylmät sääolot koettelivat historiatietojen mukaan erityisesti meidän maa-aluettamme. Ihmiset turvautuivat pettuleipään ja hätäruokiin. Kulkutaudit levisivät. Arvioidaan jopa kolmasosan väestöstämme menehtyneen.

Nopeita muutoksia olosuhteissa ei tapahtunut. Pikku jääkauden sanotaan joissakin historioissa kestäneen 1500-luvun lopulta jopa 1800-luvun puolivälin paikkeille. Tilanne ei vuosisadan puolivälissä muuttunut. Tällä kertaa 1866-1868 vuosina ollutta aikaa on kutsuttu Suuriksi nälkävuosiksi. Ajanjakso on viimeisin kovien koettelemusten aika alueemme historiassa. Uskomaton nälänhätä kosketti koko läntistä maanosaamme.

Kuva 9. Monet ratatyöläiset joutuivat saamaan leposijansa läheltä rautateitä. Samassa muistolehdossa lepää myös monia Suurten nälkävuosien aikaan menehtyneitä hollolalaisia. Oikealla nälkävuosien muistomerkki Ilmajoen hautausmaalla. Kuvat: H.K.Lähde.

Noin kahdeksasosa väestöstämme menehtyi. Määräksi on arvioitu 150 000 ihmistä. Väkiluku vuodesta 1865 lähtien oli peräti seitsemänä vuonna pienempi kuin sanottuna vuonna.[8] Suorittamieni sukututkimusten yhteydessä tuli esille perheitä, joista menehtyi nälkävuosien aikaan jopa viisi henkilöä jonakin vuonna parin viikon aikana. Väestö oli tuolloin hyvin maaseutuvaltainen. Vain vajaa viidennes muodostui muista väestöluokista kuin maatalouden piiristä elantonsa saavista. Rautatietöissä oli ilmeisen paljon miesväkeä erityisesti eteläosassa maatamme. Ratatyöt koituivat tuolloin monien miesten kohtaloksi. Köyhyys oli vallitsevaa. Ihmisiä vaelsi runsaasti ravintoa saadakseen. Vuosien vaikutukset näkyvät seuraavan sivun jälkeen olevassa väestöpyramidissakin.

Itsenäisyytemme aikana vuoden 1918 tapahtumat vähensivät väkilukuamme kahden vuoden ajan. Talvisota laski väkilukuamme yhden vuoden aikana. Sen sijaan jatkosodan aikana väkiluku kasvoi joka vuosi. Viime vuosina syntyvyys on alentunut vuodesta toiseen.

Yksi ilmeisen poikkeuksellinen ajankohta ensimmäisellä ajanlaskumme vuosituhannella ajoittui vuoden 540 tienoille. Tiedot ovat ymmärrettävästi hyvin epätarkkoja. Jokin asia aiheutti auringonvalon määrän vähenemisen ja pimenemisen kolmeksi, jopa joidenkin tietojen mukaan kuudeksi vuodeksi kautta koko pohjoisen pallonpuoliskon. Sillä oli tietysti merkittävä vaikutus luontoon.

---

[8] https://fi.wikipedia.org/wiki/Suuret_n%C3%A4lk%C3%A4vuodet

Suvivirsi viestii suurista kuolonvuosista

318

1. Jo joutui armas aika
ja suvi suloinen,
joill' kauniist' kaikin paikoin
kaunistaa kukkanen.
Nyt armas aurinko meitä
taas lähtee lähemmäks'.
Hän kuolleet hautoo, heitä
jälleen tekee eläväks'.

2. Ne niityn kukat korjat
ja laiho laaksossa,
niin ylpeät yrttitarhat,
puut vehreät verassa.
Ne meille muistuttavat
suurt' hyvyytt' Jumalan,
jonk' kaikki nähdä saavat
juur' ympäri vuoden ain'.

3. Nyt lintu äänell' korjall'
taas laulaa taitavast'.
Emmekö me siis mahtais'
Luojall' tääll' veisat' iloisest'?
Mun sielun' Herraa kiitä
nyt riemulaululla,
kuin iloittaa ja täyttää
meit' laupiaill' lahjoilla.

4. O Jeesu Kriste jalo !
sä kirkas paistehem',
ain' kylmää luontoam' haudo
ja asu tykömäm' !
Sun rakautes tuli
ann' palaa sydämess' !
Luo meihin uusi mieli
pois murheet poista myös.

5. Sä Saronin kaunis kukka,
kukoistus laaksossa.
Mun sielun' avuill' kruunaa,
tee taitavaks tavoissa.
Sun kastees Siionista
sen kauniist' kastakoon,
Kuin ruusu Libanonista
se hajuns' hyvän antakoon.

6. Anna maan tääll' kasvinsa kantaa
vakonsa myös liota:
Meill' tarpeet tahtonet antaa,
maan, meren siunata,
Ann' askelees' tiukkua rasvast'.
meit' ruoki sanallas.
Suo maistam' sit ' ain' makiast',
niin sielu on autuas.

Kuva 10. Suuriin kuolonvuosiin liittyy ruotsinkielisessä virsikirjassa vuonna 1695 ilmestynyt Suvivirsi.
Oheinen suomenkielinen teksti on kopio vuoden 1701 virsikirjasta. Alkusäkeistöt ylistävät luontoa.
Loppuosassa toivotaan parempia aikoja. Kopio: H.K.Lähde.

42

Väestöpyramidi vuosina 1917 ja 2006

Taulukko vuosien 2017 ja 2006 väestömme ikärakenteesta.[9]

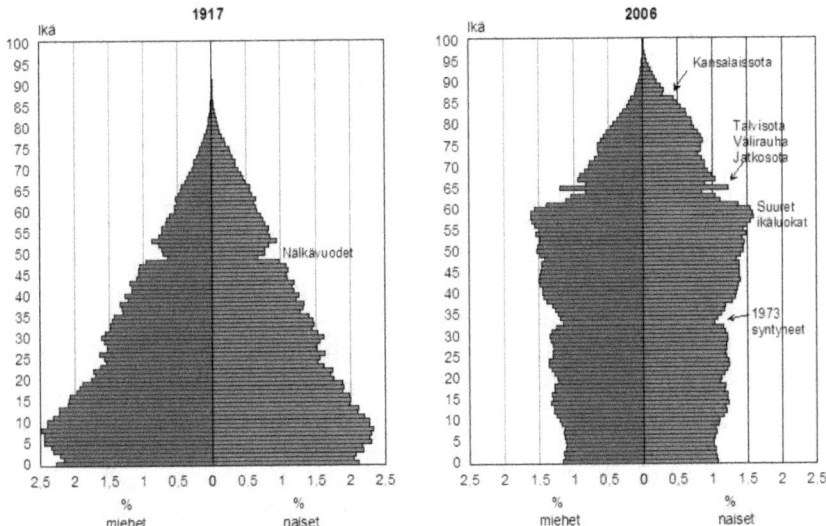

Vasemman pyramidin henkilöt ovat syntyneet noin 1830-1917 vuosien aikana. Oikean pyramidin ihmiset ovat syntyneet lähes kaikki itsenäisyytemme aikana. Ikäpyramidit osoittavat selkeästi väestössämme noin 90 vuoden aikana tapahtuneen merkittävän ikärakennemuutoksen. Ihmiset ovat keski-iältään vanhempia. Vuoden 1917 pyramidissa näkyy syntyvyyden kasvu 1900-luvun ensimmäisenä vuosikymmenenä. Siitä ilmenee myös, miten 1860-luvun muutamat nälkävuodet rasittivat väestöämme.

Väestömme miljoonan raja ylittyi 1810-luvulla. 1860-luvun nälkävuodet kulkutauteineen vähensivät väestöä noin 150 000 ihmisellä. Toinen miljoona täyttyi 1880-luvulla ja kolmas itsenäisyytemme alkuvuosina. Neljä miljoonaa ylittyi pari vuosikymmentä sitten. Viides miljoona ylittyi juuri ennen vuosituhannen vaihtumista.

---

[9] Kuvalähde: http://www.stat.fi/tup/suomi90/ joulukuu.htm

43

Taulukko 2. Maa-alueemme väkiluku vuosina 1790-2015[10].

Aika	Väkiluku	Aika	Väkiluku
1790	705 600	1940	3 695 617
1800	832 700	1950	4 029 803
1820	1 177 500	1960	4 446 222
1850	1 636 900	1970	4 598 336
1880	2 060 800	1980	4 787 778
1900	2 655 900	1990	4 998 478
1910	2 943 400	2000	5 181 000
1920	3 147 600	2010	5 375 276
		1.12.2015	5 487 308

Väestömme on kasvanut 90 vuoden aikana yli kaksi miljoonaa. Vuonna 1917 meitä oli 3 134 300 ja 31.12.2006 virallinen väkiluku oli 5 276 955. Vuosien 1917 ja 2006 ikäpyramidit kertovat monista tapahtumista. Niissä näkyvät vielä Suomen sotaisat vuodet sekä 1860-luvun nälkävuodet

Itsenäisyytemme alussa sekä poikien että tyttöjen suurin ryhmä olivat alle kymmenvuotiaat. 90 vuotta myöhemmin suurimman joukon muo-dostivat 1940-luvun loppupuoliskolla syntyneet suuret ikäluokat. Heitä 1945 - 1950 syntyneitä oli 619340 lasta [11]

Maastamme ja maahamme muuttaneiden määrät ovat tuntuvia. Vuo-sien 1969-70 Ruotsiin muutto, noin 163 000[12] henkilöä, näkyi myös väki-luvussamme.

Vuoden 2016 alussa maassamme asui vakituisesti 329 562 äidinkielel-tään vieraskielistä henkilöä. Suurin ryhmä eli venäjää puhuva ryhmä oli kooltaan 72 436 henkilöä. Viroa puhuvia oli 48 087 ja somalia puhuviakin 17 871 henkilöä.

Toisen vuosipuoliskon kasvu on ollut samaa suuruusluokkaa. Ikära-kenne on ollut melko lailla erilainen itsenäisyytemme alussa verrattuna viime vuosiimme. Sotaisat ajat ovat tietysti vaikuttaneet asiaan.

---

[10] Tilastokeskus
[11] https://fi.wikipedia.org/ wiki/Suuret ikäluokat
[12] ET-lehti 8/22.4.2015.

44

2000-luvun puolella suurin väestönosa oli vuonna 2006 60-vuotiaita. Nyt he ovat 70-vuotiaita. Näinä vuosina on eniten pyöreiden juhlavuosien viettäjiä. Ikäpyramidi kertoo monista muistakin tapahtumista. 1860-luvun nälkävuodet näkyvät siitä. Eliniän pidentyminenkin ilmenee niistä. Vuosi 1947 on edelleen suurimman syntyvyyden vuosi. Perjantai 24. elokuuta pitänee pitkään oman erikoisuutensa maamme historiassa. Tuona päivänä näki päivänvalon wikipedian mukaan kaikkiaan 495 lasta.[13] Lähes sama tahti jatkui yli sadan tuhannen syntymän vauhtia vuosittain. Vuosien 1945 ja 1950 elokuiden välillä syntyi tilastojen mukaan yli 600 000 lasta eli noin 7-8 prosenttia kansastamme. Tätä lapsimäärää kutsutaan suuriksi ikäluokiksi. Sen suuruus vastaa prosenteissa lähes vuosien 1867-68 menehtyneiden määrää prosenteissa. Se on noin 7-8-osa kansastamme. Osa menehtyi lapsuutensa alkuvuosina.

Suuret ikäluokat ovat vaikuttaneet ikänsä karttuessa monta kertaa yhteiskuntamme oloihin. Kansakoulua he kävivät 1950-luvulla. Rippikoulua he kävivät 1960-luvulla. Työelämään he tulivat samoihin aikoihin. Avioliitto tuli elämään noin 1970-luvulla. 50-vuotisjuhlien aika oli 1990-luvulla. Tilastokeskuksen mukaan heitä oli 31.12.2010 elossa 471 861 henkeä, joista noin puolet oli eläkeläisiä.[14]

Vuonna 2015 Suomessa oli 70-79-vuotiaita leskiä 81 255 henkilöä. Yli 80-vuotiaita leskiä oli 137 376. Kaikkiaan leskeksi jääneitä oli 284 444. Heistä oli naisia 229 072 ja miehiä 55 372. (Lähde.ET-lehti n:o 8/2017.)

Taulukko 3. Väestötilannetta haluan kuvata myös seuraavalla pienellä taulukolla.

Vuosi	Väestö	Maaseutu	Kaupungit	Maatalous
1946	4 052 577	3 031 405	1 021 172	1 132 335
1956	4 315 100	2 784 100	1 531 000	909 332
1966	4 652 700	2 528 900	2 123 800	720 817
1970		49,1 %	50, 9 %	

[13] https://fi.wikipedia.org/wiki/ Suuret_ik%C3%A4luokat).
[14]StatFin http://pxweb2.stat.fi/databas..e_fi.asp).

45

Maapallomme antoisa jokamiehenoikeus

Luoja loi maaseudun ja ihminen asutuksen. Isänmaamme sijainti maa-emon alueella on antanut omat nautintaoikeutensa kaikille. Maaseudulla ne ovat luonnollisempia ja täydellisempiä kuin asutuskeskuksissa. Ne ovat kevät, kesä ja syksy sekä talvi. Päättäjämme ovat aikoinaan säätäneet alueiden yleiskäytöstä jokamiehenoikeuden puitteissa.

Auringon ja maapallon keskisistä suhteista seuraa meidän nautittaviksemme erilaisia olosuhteita lämmön ja valoisuuden määrässä. Kaamos on tiettyä aikaa kuvaava olotila. Silloin aurinko ei nouse horisontin yläpuolelle. Tämä polaariyö alkoi vuonna 2015 Utsjoella 27. päivänä marraskuuta. Yö päättyi uuteen auringon nousuun 17. päivänä tammikuuta vuona 2016. Tänä vuonna päivä ja yö olivat yhtä pitkiä 20.3.2017, kevätpäiväntasauksena ja ovat uudelleen samanmittaisia 22.9.2017 olevana syyspäiväntasauksena. Päivä on pisimmillään kesäpäivänseisauksena 21.6.2017 ja lyhimmillään 21.12.2017 olevana talvipäivänseisauksena.

Kevät on luonnon kasvun heräämisen aikaa. Luonto pukeutuu vehreyteen ja vihreyteen kasvullisuuden juuriin varastoidun vehreyttä aikaansaavan energian myötä. Vesien avautuminen jääpeitteestä lisää taivaan sinen rinnalle omaa sinivivahdettaan laineiden liplatuksen ja auringonsäteiden kimallusten säestämänä. Tarkkaa aikaa ei vaihtumisella ole. Kevään tulosta kertovat jo talvihankien aikaan varttuvat kiiltävän kellanvaaleat pajunkissat. Eläinkunta aloittaa oman perhe-elämänsä. Vehreän vihreyden kirjo on uskomattoman ihailtava.

Kesän erikoisuus on valoisuus. Pohjoisosassamme aurinko pysyy horisontin yläpuolella jopa kymmenen viikon eli yli 70 vuorokautta almanakan tietojen mukaan. Kesä käsittää pääasiassa kasvullisuuden elinkaaren kylvetyn siemenen itämisestä sadon korjuukypsyyteen asti. Kesällä Aleksis Kiven ilmaisua lainaten ilta-auringon riutuva paiste muuntuu ihailtavaksi iltaruskoksi, jota usein peilityyni järven pinta korostaen heijastaa. Suvi ja valoisuus kulminoituvat juhannuksen valoisuuteen ja suuressa osassa maatamme vallitsevaan yöttömään yöhön. Sen aikana myös moni elomuoto painottuu uudella ominaisuudella. Kasvun kypsymisen ohella sen sisällön tulee varmistaa elämän jatkumista tulevana ja tulevina kasvukausina.

Syksy on osittain vielä sadonkorjuun aikaa. Sen erikoisuus on ihmeellinen värikylläisyys. Kesä muuttaa suven lämpimän ja valoisan suloisuuden syksyn pimeydeksi. Usein vettä vihmoo ja tuulikin ääntelee omalla tavallaan nurkissa ja luonnossa. Luonnon kesäinen vaisu vihreys muuttuu ruskan roihuksi. Kesäinen illan rusko muuttuu monien lehtipuiden ansiosta todella värikylläiseksi ruskaksi. Koivut ja pihlajat sekä etenkin vaahterat muodostavat uskomattoman värien kirjon ihailtavaksemme. Lopuksi lehtipuiden värikkyys vaihtuu alastomaksi harmaudeksi. Havupuut säilyttävät olemuksensa läpi vuoden. Syksyllä valoisuus hiipuu. Ilmat viilenevät talven tuloa valmistellen. Samalla kasvillisuus varautuu jo tulevaan kevääseen ja kasvukauteen. Luonto muuntaa lehtivihreän talven säilöön sopivaksi ja kuljettaa sen varastoonsa valmiiksi tuottamaan nopeampaa eloa kevään kasvuun.

Syksy on kalenterivuoden neljäs vuodenaika. Syksy vaihtuu talveksi satokauden päättyessä. Jakoajaksi kutsuttu siirtymä sisälsi satokauden viimeistelyä ja uuden vähittäistä valmistelua. Simo ryhtyi siltojen tekoon, jotta Antti pääsi aisoilla ajamaan. Kesän yötöntä yötä vastaamaan luonto tarjoaa kaamoksen. Pohjoisessa Nuorgamissa aurinko saattaa viipyä almanakan mukaan horisontin alapuolella jopa yli 70 vuorokautta yhteen menoon. Kaamos eli polaariyö on sydäntalven aikaa, jolloin aurinko ei nouse horisontin takaa näkyviin ollenkaan.

Talvi oli lapsuudessani pakkasten ja lumihankien aikaa. Lunta oli selvästi nykyisiä talvia enemmän. Ei tarvinnut latuja merkitä tykkilumella. Lumi säilytti lämpöä pintansa alla. Sen oivalsivat monet eläimet. Hiiret asuivat lumen ja maanpinnan välisissä onkaloissaan. Täysin turvassa ne eivät siellä olleet. Jotkut eläimet saattoivat aistia niiden olon ravintoa etsiessään. Monet riistalinnut yöpyivät kiepeissään. Joskus ne pelästyivät hangella liikkujaa ja pelästyttivät hänet. Talvinen tykkylumi kynttiläkuusissa muotoilee mitä pulleimpia pukumuoteja.

Luonnolle juhlaliputus elokuussa

Me olemme tottuneet alueemme elomuotoihin. Siksi emme aina huomaa näiden luonnollisten jokamiehenoikeuksien tuottamaa iloa ja tervehdyttävää oloa. Keskikesän valoisuus, syksyn ruska sekä talven vitivalkoinen lumi ja lopulta kevään vehreys voisivat saada meidät lähes yltäkylläisellä runsaudellaan heräämään jopa juhlamielelle. Yötön yö on onnistunut parhaiten lumoamaan meidät juhlatuulelle monin tavoin. Tämä maamme 100-vuotisjuhlavuosi on nimennyt teemapäivät eri vuodenajoille. Luonto on saanut ensimmäisenä maailmassa oman liputuspäivänsäkin. Sisäministeriö on määrännyt ajankohdaksi 26.08.2017.

Vuodenaikojen maisemat muodostavat erinomaisen maisemakorttien sarjan. Luonto on ilmeisesti luotu elollista elämää varten. Siihen ei liity vaihdantavälineitä. Siihen kuuluu oikeudenmukainen kohtelu, toisesta ihmisestä tai luonnon eläimistä välittäminen. Kaikki nämä ovat osana inhimillisyyden kokonaiskuvaa, jota ei voi rahalla mitata. Oikeudenmukaista kohtelua voi saada aikaan vain oikeudenmukaisella kohtelulla. Välittäminen on molemminpuolista. Samalla tulee ymmärtää yhteiskunnan ja ihmisen ilmapiirit ja elomuodot. Erillisiä alueita ne eivät ole. On huomioitava luonnollisen antoisa kokonaisuus. Pitäkäämme luonnosta huolta, niin että jälkipolvemmekin voivat nauttia siitä. Niiden yhteen liimautumisessa auttaa niin oikeudenmukainen kohtelu kuin toisesta ihmisestä välittäminenkin. Ehkä sitä tarvittaisiin jo nyt.

Vuodenaikojen vaihtelua olen fundeeravana viipyilijänä tai vaikkapa köyhäilevänä kynäilijänä kuvaillut seuraavasti:

Luonnonhelman värikkyyttä	*viljatähkäin kantajalle.*
vuodenajat videoi.	*Syksy siirtää vihervoimat*
Näkymien kylläisyyttä	*kevään kasvun auttajaksi.*
kasvun vaiheet ideoi.	*Viimein puiden ruskaloiste*
Kevät peittää mustan mullan	*maata värein pensselöi,*
vehreyden kasvun alle.	*kunnes talvi pilvein kautta*
Kesä loihtii oljen kullan	*kaiken vaaleaksi puuteroi.*

Kuva 32. Suomen luonnon juhlapäivänä villiinnytään kevääseen tai rakastutaan kesäyöhön ja talvella sukelletaan hankeen. Suomen luonnon juhlapäivä 26.08.2017 on maailman ensimmäinen luonnon liputuspäivä. Vuosi on talven hankien hohtoa, kesän valoisuutta, syksyn värikylläisyyttä ja kevään vehreyttä. Kuvat: H.K.Lähde.

Taivaankaikkeus esittää usein aivan uskomattomia todellisuusnäytelmiä. Sellaisia ovat aamurusko ja iltarusko. Niiden välillä lämmöstä ja valoisuudesta huolehtiva aurinko suorittaa sinitaivaalla päivän kaarevan kulkunsa. Iltaruskon jälkeen näkymän valloittaa säkenöivä tähtitaivas välittäen joskus uskomattomia terveisiä auringosta revontulien avulla.

Monesti luonnon lumous pysäyttää paikalleen nauttimaan ihmeellisistä jopa taianomaisista olotiloista. On juhlallinen tilaisuus. Maamme pohjoinen sijainti antaa luonnon monipuolisuuteen vielä omat ulottuvuutensa vaihteluineen. Siihen on kaiken elollisen tärkeää mukautua. Luonnon muutokset vaikuttavat vuoden ympäri toimiviin ihmisiin ja monin tavoin myös eläimiin. Ne vaikuttavat maatalouden satokauteen. Sijainnin merkitystä täydentävät melkoisesti vaihtelevat sääolosuhteet niin paikallisesti kuin suuresta maamme pituudestakin johtuen.

Kalenterin määrittelemä vuoden vaihde sijoittuu pimeyden aikaan. Talven elämänrytmi oli ennen vanhaan rauhallinen. Elämä ikään kuin hiljeni uutta kautta odottaen. Iso ajatus oli talvesta selviytyminen uuteen kasvukauteen. Se oli ollut mielessä jo syksyisten teurastusten yhteydessä. Talvella ihmisten on pukeuduttava lämpimämmin. Asuintilojen lämmityksestä on huolehdittava. Monien eläinlajien ilmiasu vaihtuu paremmin turvallisuutta tuoviin ympäristöön sopeutuviin väriasuihin. Jotkut piiloutuvat pitkää talviunta viettämään.

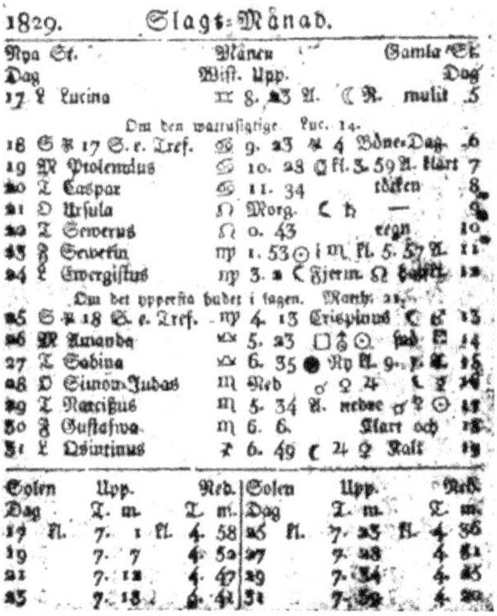
1829. Slagt-Månad.

Nya St. Dag — Månen Wist. Upp. — Gamla St. Dag

17 L Lucina ... 8. 23 A. ☾ R. mulit 5

Om den wattusigtige. Luc. 14.

18 S 17 S. e. Tref. 9. 23 4 Böne-Dag. 6
19 M Ptolemäus 10. 28 ☾ fl. 3. 59 A. klart 7
20 T Caspar 11. 34 töcken 8
21 O Ursula Morg. ☾ ♄ — 9
22 T Severus 0. 43 regn 10
23 F Severin 1. 53 ☉ i ♏ fl. 5. 57 A. 11
24 L Evergistus 3. ☾ Fjerm. 12

Om det yppersta budet i lagen. Matth. 22.

25 S 18 S. e. Tref. 4. 13 Crispinus ☾ 13
26 M Amanda 5. 23 □ ♄ ☉ 14
27 T Sabina 6. 35 ● Ny fl. 9. 15
28 O Simon Judas ♏ Ned ♂ ♀ ♃ 16
29 T Narcissus ♏ 5. 34 A. nedre ♂ ☉ 17
30 F Gustafswa ♏ 6. 6. Klart och 18
31 L Qvintinus ♐ 6. 49 ☾ ♃ ♀ Kallt 19

Solen Dag	Upp. T. m.	Ned. T. m.	Solen Dag	Upp. T. m.	Ned. T. m.
17 fl.	7. 1 fl.	4. 58	25 fl.	7. 23 fl.	4. 36
19	7. 7	4. 52	27	7. 28	4. 31
21	7. 12	4. 47	29	7. 34	4. 25
23	7. 18	4. 41	31	7. 39	4. 20

Kuva 11. Torpparin almanakka kertoi vuonna 1829 kuukausista niiden päätehtävien nimillä Slagtmånad oli teurastuskuukausi. Kuva: H.K.Lähde.

Maataloudessa sadon talteen otto eli korjaaminen kestää nykyään useamman kuukauden ajan. "Hermannista heinään" aloitti ennen vanhaan heinänteon. Nykyisin tuoresäilöntä aikaistaa rehun taltioinnin. Juuresten ja perunan siirtäminen kellareiden säilöihin päättää korjuukauden. Loppusyksystä siirrytään Simon siltojen ja Liisan liukkaiden kautta tulevaan talveen. Kovat kormutuulet ravistelevat loputkin lehtipuiden vaatetuksista. Sadonkorjuun päättyminen toi entisaikaan rauhaisan kekrin vieton. Nykyään syksyn hiljentyminen talveen ja sen lumivalkeuden ja vähitellen pidentyvän päivän valoisuutta odottavan ajan hetken rauhoittuminen ajoittuu joulun viettoon, uuden vuoden odotukseen ja sen tuomiin tulevaisuuden ennustuksiin paremmasta huomisesta.

Sotarasitukset vauhdittivat koneellistumista

Sotiemme seurauksena menetimme osan kansastamme. Menetimme ihmistemme asuinsijoja. Tuli nopeasti maksettaviksi mittavat sotakorvaukset. Rauha toi olojen vakiinnuttamisen ajan. Kodittomaksi joutunut väestömme oli asutettava nopeasti. Oli rakennettava asuntoja ja raivattava uutta peltoa menetysten tilalle. Voimia vaativa työ muodostui lähes kohtuuttomaksi sodan rasittamien rintamien ihmisten sekä suomenhevosten jaksettavaksi. Työpaljous odotti tavallaan uudenlaista suorittamista. Pientilavaltaisessa talonpoikaiskylässä ei koneapua ollut vielä 1940-luvulla. Tulossa oli. Valmet oli varautunut. Ulkomaankauppa vapautui vähitellen. Eioota pursuavat hyllyt ja laarit alkoivat täyttyä hyötytavaroilla. Koneistus toi apua.

Traktorin perään oli helppo asentaa hevosvetoisia laitteita. Irrotettiin kaksi aisaa ja kiinnitettiin keskelle yksi, joka kytkettiin traktorin vetolaitteeseen. Työ joutui. Piiat ja rengit menettivät nopeaa tahtia sekä työnsä että asumisensa maatilan isossa ruokakunnassa. Samoin kävi monelle isäntäperheen jäsenelle. Suomenhevostenkin määrä väheni.

Maaseudulta elantonsa saava kansanosa pieneni vuoteen 1970 tultaessa alle puoleen koko väestöstämme. Mittava muuttaneiden määrä oli aikaansaanut asutuskeskuksissa työpaikkojen, asuntojen, kulkuteiden, koulujen, neuvoloiden, terveydenhoidon ja sairaanhoidon kehittämisen aallon. Hyvinvointivaltiomme kehittyminen otti samalla monia merkittäviä askeleita. Kyläyhteisön puitteissa eletty omavaraistalouden aika kulki nopeasti kohti loppuaan. Kotona valmistettu ruokakin alkoi siirtyä tuottajilta pitkälle käsittelymatkalleen kohti kuluttajia.

Nopeasta konevallankumouksesta aiheutui laaja ja vaikuttava muutoksen hallinnan haaste. Tilannehan lamautti entisajan elomuotoihin verrattuna suhteellisen nopeasti ihmisten ammatteja ja toimintataitoja. Se myös koetteli Ihmiskuntaa toisella tapaa. Paikkakuntaa vaihtamaan joutuneet kansalaiset tarvitsivat samoja elämän edellytyksiä taajamissa ja palvelutoiminnoissa kuin oli ollut maaseudullakin. Se oli iso haaste. Luonnollisuuden muutos muotoutui ja sai arkielämän ohella mukaansa uudenlaista muotokieltä. Uhkarohkeuttakin tuli siihen ja nopeaa kaiken heti haluavaa otetta. Ilmeisesti sekin kielii tehokkaan tuottavuuden toteutumisesta puolenpidon saralla. Onko se modernin ihmisen ihannemuotoista maailmaa omassa menomuodossa.

Jalostuskin on tunkeutunut sarallaan entisaikaa syvemmälle peukaloimaan geenimaailmaakin. Luonnollinen valinta on vangittu palvelemaan osittain ihmisen aikaansaamisillaan tahtoman tulosta. Maaseudulla se näkyy esimerkiksi viljapelloilla. Entisajan viljan pituuden aikaansaama lainehtiminen on lähes kadonnut sadosta. Ruiskaunokkeja ja perhosiakaan ei enää löydy. Samalla on olkimäärä tietysti vähentynyt korren pituuden ja lujuuden muutoksissa. No, pahnojahan me emme enää karjanhoidossa tarvitse. Emme tarvitse pitkiä olkia madrasseihin tai polstereihinkaan.

Väkisinkin tulee jo kahdeksan vuosikymmenen toimintaa seurattuani silloin tällöin mieleen muutoksen luonne. Sodanjälkeisestä työvoiman tarpeen tyydyttämisestä koneellistumisen kautta siirryttiin osittain ehkä suunnittelemattomasti nykyiseen vauhdikkaasti kasvavan kiireen kelkkaan. Onko siihen liittyvä teknologisen kehittämisen innostus tuonut menoon hämärtävää vauhtisokeutta. Tuoko lyhyellä tähtäimellä hyväksi nähty tuloksen jatkuva maksimointi lopulta kaukokatseisempaa hyvää. Likinäköisyydellä ja lyhytnäköisyydellä on edelleen se ero, että edellinen voidaan parantaa. Luonnollakin on ilmeisesti edelleen tärkeä merkitys ihmiskunnan elämälle. Tulisiko sitä enemmän kunnioittaa ja huomioida. Onko ihmisen kehittämä "manmade maailman" luontoystävällisyys oikeata luonnollista luonnollisuutta. Nykyisessä elomuodossamme se Luojan luoma luonnollisuus on varsin vähäistä. Hengittämämme ilmakin on usein enemmän tai vähemmän ihmisen aikaansaannosten muuttamaa.

Lyhyenä muistin tallenteena tulee tuosta taitojen lamaannuttamisesta mieleeni ja sielunmaisemaani peilautuneena tahdikas tilanne keväisellä pellolla. Se on kylvötilanne lihasvoimien ajalta. Isä asteli tahdikkaasti mullantuoksuisella hyvin muokatulla pellolla. Askelten tahdissa toimivista käsistä toinen sipaisi sopivan kourallisen jyviä lihasvoimaisen vatsan tukemasta ja kaulasta remmeillä riippuvasta sukupolvien käyttämästä perintövakasta.

Maaseudun töiden teknistyminen vaikutti moniin yhteiskunnan rakenteisiin. Muutos alkoi näkyä myös maaseudun luonnollisessa maalaismaisemassa.

Maan hoitoa sadon tuottamiseen

Maan kasvullisuuden hyödyntämistä ihmissuvun ja elävien olentojen toimesta on tapahtunut jo ammoisista ajoista alkaen. Maa ja sen luonto olivat kauan sitten luonnollisiksi syntyneitä. Ne olivat täynnä luonnon monimuotoisuutta. Esi-ihminen nousi aikoinaan takajaloilleen ja aloitti lihaksillaan tekemisen. Hän tuli toimeen luonnon luonnollisuudessa.

Ihmiskunta alkoi asettua paikoilleen ja aloitti luonto-olotilan muokkauksen. Muokkasi luonnollista maata ravintokasviensa saamiseksi. Kesytti villieläimiä avukseen ja lopulta kotieläimikseen. Lukuisten vuosituhansien aikana kehittyi vielä monien muistama maatila, jossa kaikki toiminta tapahtui omavaraistaloudessa paljolti lihasvoimaa hyväksi käyttäen ja osittain luonnonvoimiakin avuksi kahlitsemalla.

Maaemon luonnollisuus joutui mukautumaan monenlaiseen muokkaukseen. Metsän antimien hyödyntäminen ihmiselämän palvelukseen kiihtyi. Puun käyttö lisääntyi monin tavoin asumisen avuksi. Vesistön antimiakin alettiin ohjata ihmisen haluamaksi hyötykäytöksi kutsutussa toiminnassa. Jo muinaiset roomalaiset rakensivat satojen kilometrien akvedukteja, vesijohtoja kuljettamaan vuoristojen sulamisvesiä painovoiman avulla ihmisten ja kasvien tarpeisiin. Ihminen on kahlinnut käyttöönsä luonnon omaavaa painovoimaa, koskivoimaa ja tuulivoimaa.

Mittavin mullistus on tapahtunut maaemon alueella. Huomattavat luonnon metsäalueet on raivattu ravintoa tuottavien kasvien käyttöön. Luomukasvillisuus kahlittiin ihmisen ohjaukseen säiden armoilla. Kehittyi vähitellen monipuolinen kasvinviljely. Pelloksi raivattaessa metsän luonnollisuuden muuttaminen merkitsi monenlaista luonnon moniulotteisuuden yksinkertaistumista lähes luonnottomuudeksi ja yhden kasvin alueeksi. Sama kohtalo on koitunut myös eläinkunnalle metsämaan muuttuessa viljelysmaaksi. Elämän eloisuutta ja iloista ääntelyä koetaan pääasiassa keväisin. Monet linnut elävät metsissä. Linnuston lajikirjo on pienentynyt kuin pyy maailmanlopun edellä. Eläinmaailmassa merkittävä rakennemuutos käsitti villieläimen kesyttämisen ja kehittämisen kotieläimeksi tuotantoon ja palvelijaksi sekä ystäväksi.

Milloin maatalouden harjoittaminen sitten alkoi. Aikaa ei voi määritellä edes vuosituhannen tarkkuudella. Maan kasvullisuuden käyttäminen ihmisravinnoksi ei vielä merkinnyt maatalouden puitteissa tapahtuvaa kasvinviljelyä. Muokkaus ja kylväminen muuttavat jo tilannetta. Parin puukappaleen yhdistelmänä tehty aura on peräisin muutaman vuosituhannen takaa. Sitä on voitu käyttää muokkaukseen kylvökepin tavoin. Muokatun maan käyttäminen kasvien kasvattamiseen merkitsi jo kasvin elinkaaren luonnollista kiertokulkua ja sen hyödyntämistä. Se merkitsi samalla alkuedellytyksiä ihmisten asettumiselle liikkuvasta elomuodosta enemmän paikallaan pysyvään asumismuotoon.

Muutoksen vauhti oli kauan varsin verkkaista. Viime vuosikymmeninä meno on saanut vauhdikkaita, esivanhempiemme ymmärryksen ylittäviä muotoja. Toiminnan mielekkyyden on vaikea pysyä mukana. Huomisen kehitystä ei saisi kahlita menneisyyden tavoilla. Ajatus sisältää ohjeen nykyisyydelle. Sen osana ovat oikeastaan myös perinne ja tavat. Monet perinteet ovat kuin liimaa entisyyden ymmärtämiselle. Monet tavat ovat usein esteenä huomisen hallitsemiselle. Perinteisen tavanomaisesta toiminnasta on vaikea luopua. Maaseudullakin tapahtui sotien jälkeen kaksi erilaista kehitystä. Maatalouden puolella uusi aika sulautui toimintaan huomaamattomasti. Konevoima korvasi lihasvoiman. Traktori soveltui helposti moniin laitteisiin. Metsätaloudessa kuljetusta vetävän hevosen ja ihmiskäyttöisten justeerin ja pokasahan sekä kirveen ja nostolaitteena toimivien tukkisaksien korvaaminen vei enemmän aikaa.

Monesti tulee mieleeni luonnon luonnollisuuden ja koneiden, vaikkapa traktorin synty. Traktorin aikaansaamiseen on tarvittu ihmisen suunnittelua ja asiain kehittelykykyä. Koko olemassaolonsa ajan ihminen on rakentanut oman voimansa avuksi enemmän tai vähemmän teknisiä laitteita. Mutta tuo pieni kedon kaunis kukkanen, jota voi vain ihailla ja pyrkiä säilyttämään sen. Sen kehittyminen on luonnon asia. Ei voi muuta kuin uskoa siihen. Yhteistä mittaria ei koneen ja kukan kehitykselle löydy. Juoksua mitataan ajalla. Hyppyjä verrataan toisiinsa metreillä. Tulosten vertaaminen keskenään on mahdotonta. Niin on koneen ja kukankin synnyn. Toisesta kysytään, miten syntyi, toisesta miksi. Vertaaminen ei onnistu. Tekniikan kehitys ja luonnon synty ovat eri tavoin todellisia.

Kasvien elinkaaria satokauden kirjossa

Elävän ihmiskunnan ja laajan eläinkunnan ravinto on suurelta osaltaan perustunut kasvillisuuteen. Pallollamme kasvaa uskomaton määrä eri lajeja. Ihmiskunnan käytössä niistä on vain pieni osuus. Ravinnoksi viljeltyjen lajikkeiden lukumäärä on noin sata. Niistä vain yhdeksän tuottaa kolme neljännestä ravinnostamme. Nämä kasvit ovat riisi, vehnä, sokeri, maissi, soija, öljypalmu, peruna, maniokki ja cassava eli durra. Meille yleisimpiä ja tutuimpia ovat ruis, vehnä, ohra ja kaura sekä peruna.

Suurin osa peltomaiden viljakasveista on yksivuotisia. On kevätviljaa ja syysviljaa. No, sehän on ihan luonnollinen asia. Kasvilajit ovat monin tavoin erilaisia. Niiden kasvukausi on varsin monipuolinen niin kasvilajien kesken kuin kunkin kohdallakin. Esimerkkeinä mainittakoon tässä yhteydessä vaikkapa heinä ja viljoista kaura sekä juurikkaista peruna. Niiden elinkaaret ovat muuttuneet melkoisesti viime vuosisadan puolivälistä. Koneellistuminen on mullistanut menettelyjä. Muistelen monasti muutoksia oman lapsuuteni ja nuoruuteni ajalta.

Leivällä on ollut vakiopaikka suomalaisessa ruokapöydässä. Vuoden alussa kansallisruuaksi valitun ruisleivän huomispäivä näyttää valoisalta. Kaurakin näyttää pitävän suosionsa päivän energiana. Ruis on varsin vaatimattomana viljakasvina sopeutunut monenlaisiin olosuhteisiin. Luomuviljanakin se puolustaa paikkaansa. Se oli maa-alueemme tärkein leipävilja 1800-luvullakin. Kylläpä ne ruislaihot lainehtivat upeasti vielä nuoruudessanikin ruiskaunokin sinisen kukan vilahtaessa kullankeltaisen oljiston taipuillessa. Rukiin erikoistuotteena olivat jyväsadon lisäksi sen monikäyttöiset, ajan riihipuinnissa pitkinä säilyneet oljet. Ne olivat tuttuja varusmiesten sängyissä viime vuosisadan puolivälissä. Puimakone ei pitkiä olkia tuottanut. Syysruis on ollut kevät- eli toukoruista yleisempi. Riihet olivat nuoruudessani myös kulkumiesten yöpymismajataloja.

Ohra on vuosituhansia ruista vanhempi. Ruis on peräisin yli kahden ja ohra noin kymmenen vuosituhannen takaa. Vehnä yleistyi maassamme vasta noin vuosisata sitten. Ohra ja kaura soveltuvat hyvin sekä ihmisten että eläinten käyttöön. Ohran tähkä on pitkävihneinen. Kauran jyvät ovat röyhelömäisesti.

Kuva 12. Ruis on pisin viljakasveistamme. Vehnällä, ohralla ja kauralla on kullakin omanlaisensa tähkät, kuten seuraavasta kuvasta näkyy. Kuvat: H.K.Lähde.

Kuva 13. Viljakasviemme historiaa. Kuva H.K.Lähde SARKA-museosta Loimaalta.

Perunaa pellolta ja porkkanaa puutarhasta

Viljojen tapaan juurikkaitakin viljeltiin monia lajeja. Oli perunaa, porkkanaa, punajuurta, nauriita ja turnipseja sekä sokerijuurikastakin. Tavallisilla maatiloilla kasvien viljelymäärät määräytyivät pääasiassa oman käyttötarpeen mukaan. Perunaa tarvittiin sekä ihmisten että eläinten ravinnoksi. Sitä siirrettiin keväisin kellarista laatikoissa ulkoilmaan itämään. Idätys nopeutti kasvua. Isompia yksilöitä halkaistiin. Istutus tapahtui käsin pärekopista hevosvetoisilla Koiviston sahroilla ajettuihin vakoihin, minkä jälkeen perunat peitettiin ajamalla sahroilla vakojen väleihin uudet vaot. Lanaamistakin käytettiin osittain rikkaruohojen vähentämiseksi. Kylvön tultua taimelle mullitettiin taimisto ajamalla uudet vaot väleihin. Kasvuaika ei merkittäviä töitä vaatinut. Ehkä saviheinäyksilöt kiskottiin irti ja heitettiin syrjään.

Varhaisperunaa on viime vuosikymmeninä saatu jo juhannukseksi. Ennen vanhaan perunannosto tapahtui myöhemmin syksyllä. Tosin uusia perunoita voitiin "varastaa" juuristosta aikaisemminkin kasvua vahingoittamatta. Syksyn satoa korjattiin usein talkoilla. Työ vaati väkeä yhtäaikaisesti. Hevosvetoinen nostokone heitti perunoita sivulle parin metrin levyisesti. Ne oli poimittava koppiin ja kärryihin ennen uutta koneajoa. Poimitut perunat siirrettiin lievästi alaspäin viettävää rakopohjaista lavaa pitkin kellarin tiloihin. Multa irtosi ja putosi maahan raoista perunain vieriessä kellarien varastoihin.

Ihana lapsuusmuisto on perunain paistaminen peltonuotiolla syksyisin korjuutoimien yhteydessä.

Toinen isompia alueita vallannut kasvi oli sokerijuurikas. Sitä viljeltiin 1940-luvulla vähäisessä määrin omaan tarpeeseen niin, että siitä voitiin keittää siirappia, jota käytettiin esimerkiksi sokerin korvikkeena ruuanvalmistuksessa ja joskus voin korvikkeena leivän päällä. Tuotetta saatiin käsin väännettävällä puristimella. Viljely tapahtui yhteisymmärryksessä vuonna 1948 perustetun Turengin sokeritehdas Oy:n kanssa. Tehtaan aloitettua sokerin valmistuksen juurikkaan viljely yleistyi sopimuspohjaisesti 1950-luvun alussa lähes joka talon toimintaan. Samaan aikaan perustettiin myös muita tehtaita. Sopimusalat saattoivat olla vain muutamien kymmenien aarien suuruisia.

Kuva 14. Yllä Laihian ulkomuseon käsin työnnettävä heinänsiemenen kylvökone. Edessä sininen poikittain työntötelineen päälle asetettava siemenkotelo, josta harjat siementä sirottelivat etupyörästä tulevan pyörimisvoiman avulla. Alla Loimaan Sarka-museon perunannostokone. Kuvat:H.K.Lähde.

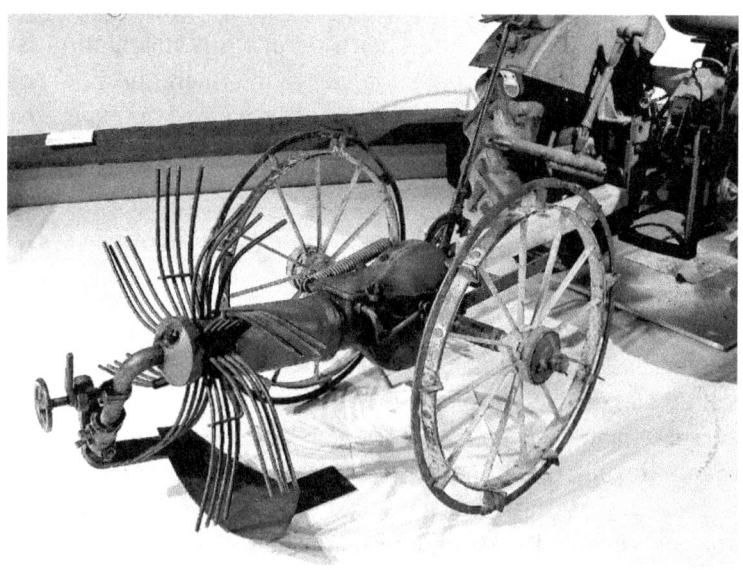

Rikkaruohojen kitkemistä ja taimien harvennusta riitti perheen lapsikatraalle. Mukanaolo arjen töissä oli silloin sallittua lapsillekin. Se oli antoisaa tekemällä oppimista. Toimista on jäänyt mieleen rikkaruohojen kitkeminen, ehkä ei niin kovin houkuttelevana helteisen kesäpäivän harrasteena. Kitkeminen oli työtä, joka piti uusia, vaikka sen kuinka hyvin olisi tehnyt.

Sokerijuurikkaan kylvö suoritettiin yksirivisellä käsin työnnettävällä laitteella. Aikanaan syntyneestä yhtenäisestä taimirivistä harvennettiin käsityönä taimia noin 23 - 25 cm etäisyydelle toisistaan. Harvennusta opetettiin jopa maamiesseuran toimesta kilpailuja järjestämällä.

Myös mansikka oli 1940- ja 1950-luvulla yleinen erikoiskasvi. Avomaan kurkkua kasvatettiin yleensä kotikäyttöön. Muista juurikasveista mainittakoon vielä porkkana ja punajuuri sekä lanttu, nauris ja kaali. Eläimille kasvatettiin ainakin turnipsia. Muistan, että sipuliakin viljeltiin suhteellisen runsaasti. Niiden kuivatuslaatikot tuoksuivat ja veivät tilaa.

Muutamat lajit vaativat pienten siementen vuoksi erilaisia usein ihmiskäyttöisiä kylvökoneita. Taimelle tultua tällaiset kasvit: porkkanat, punajuuret ja sokerijuurikkaat vaativat rikkaruohojen tarkkaa poistamista sekä taimien harventamista. Juurikkaiden sadonkorjuu syksyllä tapahtui käsin nostamalla. Samalla naatit irrotettiin pääasiassa listimällä. Naatit käytettiin ravinnoksi.

Pellava oli varsin yleinen kotiseutuni kasvilaji. Sen erikoiset työvaiheet ovat jääneet hyvin mieleeni. Aluksi se tietysti kylvettiin. Kasvukauden lopulla se nostettiin maasta juurineen repien. Vielä kypsymisvaiheensa lopulla olevat siemenkodat eli sylkyt irrotettiin rohkimalla. Kuituaines vietiin nippuihin sidottuna likoamaan järviveteen painojen alla. Muutaman viikon likoamisen jälkeen outoa tuoksua saaneet niput nostettiin järvestä ja levitettiin nipuista purettuina sopivalle pellolle kuivumaan. Kuivumisen jälkeen vähän puumaiset kuidut rikottiin loukuttamalla ja lihtaamalla. Tavoitellusta laadusta riippuen tarvittiin vielä jälkitoimenpiteitä, ennen kuin pellava oli valmis kehrättäväksi ja kankaaksi kudottavaksi.

Kuva 15. Ylärivissä peruna ja raparperi sekä alarivissä vasemmalla kaali ovat kaikki varsin lehväkkäitä kasveja. Oikealla on kuituinen pellava kukkimisvaiheessa. Kuvat: H.K.Lähde.

Kuva 16. Sylkkyjen irrottaminen tapahtui kahden henkilön voimin vuorotellen keskellä olevan rohkan piikistön kautta vetäen. Joskus saattoi sattua, että kaveri löi nippunsa vähän liian aikaisin. Seurasi erilaisia ilmeitä ja kiskomista asian korjaamiseksi. Kuva albumistani.

Yhteistoiminta synnytti asumakylän taksvärkkeineen

Asumakylä syntyi ihmisen asettuessa kauan sitten paikalleen asumaan. Samalla syntyi siihen sopivan elomuodon luominen luonnon luonnollisessa olotilassa. Ihminen muutti monipuolisen kasvillisuuden ja eläimistön yksipuolisemmaksi niitty- ja peltomaaksi. Vähitellen kehittyi kotieläimiä aikaansaamaan jokapäiväistä ravintoa luonnon tuottaman energian lisäksi. Kehittyi lehmä, joka pystyi muuttamaan ruohon maidoksi. Karjaa piti olla sen verran, kuin tarvittiin sellaisen niittymaan lannoitukseen, joka tuotti sille eläinmäärälle tarpeellisen ravinnon ympärivuotisesti. Kolmiyhteys ohjasi elämää. Nuoruudessani eläinten talvipitoon vaikutti edelleen rehusadon riittävyys. Se ohjasi osittain syksyn teurastuksia.

Vähitellen kehittyi asumakylä. Kyläläiset muodostivat yhdessä yhteistoimintajoukon. Talojen asumiseen tarpeelliset rakennukset muodostivat tiiviin rakennuskokonaisuuden. Kissa saattoi käydä kylän kaikkien rakennusten katoilla käymättä välillä maassa. Turvallisuus metsän petojenkin suhteen edellytti yhteisaitausta. Palovaaran vuoksi riihet ja saunat olivat erillään. Palonarkuutta oli tosin asuinrakennuksissakin. Onhan monia kyliä tuhoutunut kokonaan tulipaloissa.

Kyläläisten tai oikeastaan talonpoikien yhteisvastuu oli tuohon aikaan varsin laajaa ja monipuolista. Kruunun eli julkisyhteisön tarvitseman hallinnon kulut muodostuivat suuresti rasittamatta tukholmalaista kirjanpitoa. Osittain verotuskin koottiin paikallisesti kyläpäällikön eli oltermannin tai muun voudin avulla ja kirjanpitona olivat "talonpoikakohtaiset" puukapulat eli pirkat, joihin merkinnät tehtiin puukoilla. Tapa on tutumpi torppariajan taksvärkkien aikaisesta pulkka-nimityksestä. Päivän saatetaan vielä nykyisinkin sanoa olevan pulkassa eli kaksiosaiseen pulkkaan on illalla veistetty lovi kummallekin osapuolelle tiedoksi. Joku verotus saattoi olla kylän yhteisvastuulla toimiva.

Yhteinen vastuu ilmeni myös lähes kaikessa kulkemiseen ja kuljetukseen liittyvässä toiminnassa. Talonpojat vastasivat postin ja ihmisten kuljettamisesta. He vastasivat teiden ja siltojen sekä ojien tekemisestä ja kunnossapidosta kuin myös aitauksista. Teiden käyttäjien alue vaikutti tievelvollisuuksiin. Tulipalojen vahingotkin kuuluivat eri kokoisten yhteisvastuualueiden piiriin.

Satoon liittyvät tehtävät olivat niitä, jotka ajoittivat töihin kutsuja. Siemenperunat tuli istuttaa vakoihin aikanaan mullitettaviksi. Tuleentumisvaiheessa oleva heinä tuli saada seipäille ja kuivuttuaan latoihin. Tähkäpäihin ehtinyt viljasato kaipasi väkeä sirkkain soitellessa lyhteiden tekoon tai seipäille kuivumaan nostettavaksi ja sen jälkeen riiheen tai puimalaan puitavaksi. Puintipäiväksi ajoittui usein maanantai. Sehän oli lepopäivän jälkeinen arkipäivä. Pölyinen puintitapahtuma saattoi olla uutispuuroineen ja saunomisineen pitkähkö. Kamppiaisiakin oli tapana pitää.

Haastateltu Matilda oli syntynyt samoihin aikoihin oman isoäitini Matildan kanssa vuonna 1874. Matilda piti taksvärkkitoimintaa monin tavoin mielenkiintoisena ja tärkeänä. Hän oli torpparintytär ja torpan emäntä. Niin oli isoäitini Matildakin. Oma äitini ja isäni olivat myös torppareiden lapsia. Sukuja tutkiessani hämmästelin usein, että yleinen mielikuva torppareista ei oikein täsmännyt esivanhempieni eikä kotikylän elämään. Torpparikysymys johdatteli selvittelemään asiaa. Tuloksena totesin kotiseutuni torpparien olevan uudisasutustorppareiksi kutsumiani pienviljelijöitä. Toinen suuri torppariryhmä oli päivätyötorpparit. He olivat erinomaisen merkittävä joukko, joka huolehti suurten tilojen ja kartanoiden työvoiman tarpeesta. Kotikylässäni Liesossa ei suuria viljelmiä tai kartanoita ollut. Kylän uudisasutustorpparijärjestelmä syntyi talonpitäjien jälkeläisistä isojaon yhteydessä ja sen jälkeen. Niinpä monet meistä ovat kaukaista sukua keskenään. Järjestelmien torpparit erosivat toisistaan lähes kaikessa muussa paitsi nimityksessä.[15]

Viime vuosisadan alussa uudisasutustorpparitkin toimivat vähäisesti arjen apuna Lieson pääkylän taloissa. Kylän pohjoisosan torpat olivat niiden osia. Matildan torppa oli osa Lieson Peltolan taloa. Niinpä hän osallistui Peltolan sadonkorjuutapahtumiin. Hän toimitti torpan tuotteita taksvärkkinä Peltolaan. Matilda asui Nerosjärven pohjoispuolella. Hänen oli ensin talsittava järven rantaan ja paatilla yli toiselle rannalle. Sieltä oli muutama kilometri Kuohijärven rannalle. Sitten seurasi soutua vajaa peninkulma Kuohijärveä pitkin ja lopulta vielä joku kilometri kävellen Peltolaan aamuauringon aikaan. Soimanpohja oli Peltolan torppa. Isäni kotitalo Ojamäki oli Kauppilan torppa ja äitini kotitalo Lassilan torppa. Peltola, Lassila ja Kauppila olivat Lieson kylän vanhoja maakirjataloja.

---

[15] Lähde 2007. Väitöskirja torppareista.

Matilda muistelee tärkeää taksvärkkimatkaa seuraavasti alkaen Kuohi-järven rannalta kohti Lieson vanhojen maakirjatalojen läheistä rantaa:

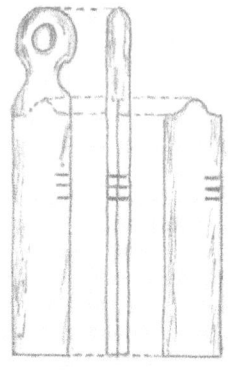

Isua selkää vasten oli tehty iso paatti. Kirkko-veneen ohella se palveli taksvärkkimatkoilla. Päätila oli Lieson Peltola. Siellä kävi Järventa-kaakin kuudesta seitsemästä paikasta taks-värkkiä tekemässä runsaasti väkeä. Taksvärk-kiä tehtiin useampi päivä yhteen menoon.

- Isolt kulmalt lählettiin Riilahlest tai Val-kaman ja Kalkon paikkeilta. Sinne oli tultu halki maan. Peltolas oltiin monta päivää. Yötä oltiin tallin parves ja heinälalos. Joku mahtu huoneisiinkin. Aamulla vanha emäntä tul kat-toon ja hommas kahveet. Se oli lysti reisu se taksvärkin reisu. Sit väännettiin ja kähmittiin.

Mentiin tanssaamaankin joskus. Vanha emäntä kehotti monasti, että menkää ny jo huokaamaa, muisteli Matilda.

Kuva 17.Ohessa piirros pulkasta. Keskellä yhdistelmä sivusta katsottuna. Sivuilla isännän ja torpparin tositekappaleet. Kolme taksvärkkipäivää on näköjään jo tehty. Piirros: Soile Jalovaara. Alakuvassa kirkkovene Kuohijärvellä. Kuva: H.K.Lähde.

Talkootyö oli iloista yhdessä tekemistä

Maatalouden olosuhteet olivat synnyttäneet yhteistoiminnan jo asuin-yhteisöjen alkuaikoina. Koneettoman lihastyön tarvehuipuissa auttoi omaa ruokakuntaa laajempi yhteisö. Se toi apua työvaltaisten tehtävien suorittamiseen. Siinä talkoot oli yksi tärkeä tapa toimia. Asiasta oli ohjeita kyläjärjestyksissäkin. Talkoiden merkityksestä kertoi piispa Olaus Magnus vuonna 1555 ilmestyneessä teoksessaan. Hän nosti esille satokauden suurimpana haasteena sadonkorjuun mainiten myös keväisen lannan-ajon. Aleksis Kiven Nummisuutareissa taas sulhanen kutsui hääväen tal-koiden "iloleikkiin, vaan ei työhön" ja koko hääväki siirtyi pellolle. Tal-kooidea oli merkittävä toimintamuoto paljon yhtäaikaista työvoimaa tar-vitsevien tehtävien aikaan vielä viime vuosisadan puolivälissäkin.

Yhteisöllisyys on ollut keskeinen talkootoiminnan ominaisuus. Sitä on ylläpitänyt naapurin auttamisen tunne. Talkoissa ei työpanosta mitattu. Toiminta tapahtui työn ilosta. Ilo on syntynyt yhdessä tekemisestä naa-purin auttamiseksi ja joskus yhteisönkin hyväksi.

Heinänteko aloitti sadon korjuukauden. Heinä otettiin talteen ennen tuleentumista ja vilja sen jälkeen. Tehtävä oli suoritettava ajallaan luon-non olojen ohjauksessa ja säiden salliessa. Heinätalkoot aloitti isäntä itse. Työ alkoi hevosvetoisesti. Olivathan niittokone ja haravakone tulleet käyttöön jo sata vuotta sitten. Viikatetta käytettiin enää pääasiassa viljan korjuussa. Tosin luonnonheinä katkaistiin epätasaisessa maastossa edel-leen väärävartisella viikatteella. Niitto tapahtui tahdikkaasti kahdeksikon muotoisella edestakaisella leijailevalla liikkeellä. Varren päässä oli rasva-kuppi käsien voitelua varten. Niittokoneella heinänkaato alkoi jo aurin-gon nousua aikaisemmin. Hevoset eivät helteellä jaksaneet kiskoa ras-kasta laitetta. Vetotehoa vaati runsaasti pyörien kautta tuleva katkaisu-terien käyttövoima. Aamun sarastuksessa heinä sai usein hetken kuivah-taa kaadon jälkeen. Talkooväki tuli navetta-ajan mukaisen aamulypsyn jälkeen.

Korjuutalkoot sisälsivät monipuolista joustavuutta. Olivathan työn vai-heet lähes tuttuja kaikille. Haravakoneen ajo hevosella oli nuorten hom-maa. Rippeiden ja epätasaisten reuna-alueiden haravointi käsiharavilla oli naisten työtä. Seipään alustat sipaistiin haravalla puhtaiksi kuivumisen edistämiseksi. Seivästäminen oli raavaan miehen työtä. Silmääkin tarvittiin. Rivien piti olla suoria ja seipäät sopivin välein sijoitettuja. Niiden kärjet oli teroitettava taitavasti. Seivästäjä saikin kuulla muita enemmän neuvovia sutkauksia. Hanko sopi kaikkien käteen. Sillä nostettiin heinätukot lakehisista seipääseen alaosan nappuloille alas laskien. Ylänappulan päälle tukko lyötiin toisin päin. Sillä estettiin veden valuminen seipääseen sateen sattuessa. Nappuloista huolehtiminen koppaan ja seipääseen oli usein lasten työtä. Se tapahtui leikkien ja samalla kaikkea oppien. Viljan korjuu suoritettiin lähes heinän tavoin. Yhteistä olivat odotetut kamppiaiset sopivan ruuan ja muun ilonpidon merkeissä kaikkien ollessa sekä yleisönä että ohjelman suorittajina.

Talkoiden joukkohenki toi voimaa osatehtävien hoitoon. Kilvoitteluakin syntyi kuin itsestään. Kunnia-asiana oli oman työn tekeminen kunnollisesti ja seuraavan vaiheen suorittajaa auttaen. Oman tehtävän aito ohjautuminen oli luonnollista heijastumaa koko prosessin hallinnasta. Tahdittavat junttalaulut sopivat peltotöitä paremmin riihessä puintiin tai vaikkapa pärekattotalkoisiin. Siellä riiaus-huuto kuului tuon tuostakin. Riialaudalla saatiin pärerivi tasaiseksi. Sota-aikana toteutettiin maaseudulla monia erikoistalkoita rintaman huoltamiseksi.

Kuva 18. Heinäpellolla tarvittiin usein naapuriapua talkoolaisiksi. Kuva Soinista: H.K.Lähde

65

Torpparit ja tilattomat talkoiden täydentäjinä

Koneellistuminen pääsi vaikuttamaan maaseudun ajoittaisiin työpaljouksiin vasta viime vuosisadan puolivälin aikoihin. Kartanot ja muut suurtilat olivat saaneet apua jo vuosisadan alkupuoliskolla. Edellisvuosisadan konekeksinnöt auttoivat asiassa. Samaan aikaan oli laajimmillaan myös suurtiloille kehittynyt työvoimatorpparilaitos.[16] Nämä torpparit suorittivat omien vuokratilustensa hoidon ohella kymmeniä ja jopa yli satakin päivää taksvärkkiä vuodessa vuokraajansa päätilalle vuokran maksuina. Päivät oli sovittu kontrahdeissa, jotka tosin olivat monissa tapauksissa suullisia. Taksvärkkipäiviä oli kahdenlaisia. Oli jalkapäiviä ja hevospäiviä. Tavallisen talonpoikaiskylän alueella ei tämän torpparilaitoksen edustajia ollut. Näissä kylissä asian korvasi isojaossa ja sen jälkeen syntynyt uudisasutustorpparilaitos. Nämä torpparit omistivat itse alueellaan olevat rakennukset ja olivat muutoinkin itsenäisempiä. Päätaloon tehtävä taksvärkkien määrä oli varsin vähäinen. Päivien ohella vuokraa maksettiin tinkivoilla ja monenlaisilla metsän sadon anneilla.[17]

Talkootoiminnan ja torpparilaitosten lisäksi maatalouden työhuipuissa avustivat vielä kylässä asuvat monet pientilalliset ja itselliset sekä käsityöläiset. Heistä monet olivat todellisia monitoimihenkilöitä. He olivat valmiit avustamaan mitä erilaisimmissa tapahtumissa niin sadon käsittelyyn liittyvissä tehtävissä kuin pyykkipäivissä tai erilaisissa elämän juhlatapahtumissa. Tällaisina voidaan mainita vaikkapa sepät, puusepät, muurarit, nahkuri sekä myllärit ja kirvesmiehetkin. Pitokokkejakin kyläläisistä löytyi. He olivat ennen vanhaan tilattomaan väestöön kuuluvia. Heillä oli kuitenkin kiinteä yhteys maanviljelykseen. Useimmat heistä olivat samalla oikeastaan pienviljelijöitä. Heillä oli omat peltotilkkunsakin.

Samalla syntyi myös lähekkäin asuvien yhteistoimintaa. Se sai aikaan lisäksi alkeellista hallintoa ja vallankäyttöä. Syntyi asuinyhteisöjä nykyään maaseuduksi tulkittaviin olosuhteisiin maalaistalojen puitteissa. Ihmisten elämä oli edelleen voimakkaasti yhteydessä luontoon ja sen antimien hyväksikäyttöön.

---

[16] Lähde 2007. Väitöskirja torppareista.
[17] Lähde 2007. Väitöskirja torppareista.

Itselliset maatalouden monitoimijoina

Itsellinen ei oikeastaan tarkoita mitään tiettyä ammattia. Monet käsityön taitajat on merkitty kirkonkirjoissakin itsellisiksi. Maaseudun tuttuja tarpeellisia käsityön erikoismiehiä oli useita. Oli raudan käsittelyn osaajia ja puun työstön taitajia sekä viljan jalostajia moniksi tuotteiksi. Monet talonpojatkin osasivat näitä töitä omiksi tarpeiksi. Harvinaisempia käsityöläisiä olivat esimerkiksi satulasepät ja hatuntekijät. Monet maaseutukäsityöntekijät toimivat pitäjänsä tai kylänsä alueella. He olivat ennen vanhaan tilattomaan väestöön kuuluvia. Heillä oli kuitenkin kiinteä yhteys maanviljelykseen. Useimmat heistä olivat samalla oikeastaan pienviljelijöitä. Heillä oli omat peltotilkkunsakin.

Kuva 19. Yllä vasemmalla suutarin työnurkkaus Vantaalla. Oikealla seppä työnäytöksessä Espoossa. Alinna monia Isokulman asumakylän erikoisosaajia maatalon töitä auttamassa. Kuvat:H.K.Lähde.

67

Tekniikka museoi ammatteja 1960-luvulla

Monimuotoiset yhteistoiminnan muodot eivät enää 1950-luvulla riittäneet tehtävien suorittamiseen. Edessä oli historiamme ainakin toistaiseksi mittavin rakennemuutos. Se toi apuvoimaa ja muutti samalla monin tavoin niin maaseudun elämää kuin asutuskeskustenkin sopeutumista muutoksiin. Suuri osa maaseudun väestöstä joutui muuttamaan maassa uudenlaisen toimeentulon hankkimiseksi. Mittava määrä ammatteja arkistoitui. Lisäksi monet olivat saaneet täysin uuden sisällön. Sadonkorjuusta löytyy paljon esimerkkejä. Runsas neljännes maamme kansalaisista oli joutunut muuttamaan asuinpaikkaansa ammattien ja tehtävien joko lakattua tai saadessa täysin uuden sisällön. Samalla maaseudun väestö oli vähentynyt alle puoleen koko väestöstämme.

Kansamme oli kokenut monenlaisia menetyksiä viime sotamme aikana. Oli muitakin kuin sodan ensimmäinen uhri, joka on aina totuus. Se palautui takaisin sodan päätyttyä. Se avautui kaikessa laajuudessaan. Elämänsä uhranneet Itsenäisyytemme puolustajat oli saatettu kotiseudun muistolehdon kumpujen kätköihin. Surutyön ohella oli edessä monenlaisia muita haasteita. Oli asutettava nopeasti kotiseutunsa menettäneet ja monet rintamalla palvelleet. Oli selvittävä aikanaan sodan aiheuttamista muista menetyksistä ja mittavista sotakorvauksista rauhanehtojen mukaan. Oli tartuttava uudenlaisiin toimiin.

Tuntuu, että niitä koskeva päätös sisältyi kansalaisten voimalliseen itsenäisyyden puolustustahtoon, jolla ylivoimaiselta tuntuneesta tehtävästä selvittiin ja maan itsenäisyys säilyi.

Tuo voimallinen tahto on uskomaton energian määrä. Kansalliskirjailijamme Aleksis Kivi totesi, että se vie vaikka läpi harmaan kiven. Kansalaisemme tahtoivat, että asiat onnistuvat. Apuna olivat tehdaslaitokset ja niissä tekniikkojen taitajat. Niinpä sotakorvaustemme suorittaminen onnistui tuloksellisesti. Noin puolen miljoonan kodittoman ihmisen uudelleen sijoittaminen ja raivaustoiminta onnistuivat. Maaseutu oli kuitenkin erilaisten ongelmien edessä. Kotirintama oli tuottanut kaiken ravintoenergian kummallekin rintamalle. Sodan jälkeen elettiin maaseudulla uunilämmityksen ja lihasvoiman aikaa. Maatalouden tehtävien mittava työvaltaisuus rasitti niin ihmisiä kuin eläinvoimakoneitakin kohtuuttomasti sodan rasitusten lisäksi. Apua kaivattiin. Sitä tulikin.

Traktori oli tekniikan aikaansaaman murroksen edelläkävijä. Se korvasi nopeasti lihasten vetovoimaa. Maatalouden hevosvetoiset laitteet oli helppo muuttaa konevetoisiksi. Metsätaloudessa tilanne oli erilainen. Kirves ja pokasaha sekä justeeri ja reslat muine hevosvetoisine kuljetuslaitteineen vaativat pitempiaikaista tekniikan kehittelyä. Moottorisaha ei sitä yksin ratkaissut. Tekninen kehitys vei pitemmän aikaa. Koneellistuminen lakkautti monia maatalousammatteja ja kokonaisuuteen liittyviä sivuammatteja. Muutoksen määrää lisäsi suurten ikäluokkien tulo työikäisiksi. Maaseudulla ei enää ollut työmahdollisuuksia. Ihmisiä joutui muuttamaan pois kotiseuduiltaan. Omavaraistalous loppui. Ruuan tuottajastakin tuli kaupan asiakas. Luotu pientilamaatalous joutui toimintavaikeuksiin. Muutos keskittyi 1960-luvulle. Sen lopulla maalaisväestö oli jo alle puolet maamme väestöstä. Mittava ihmismäärä aiheutti asutuskeskuksiin monenlaisia yllättäviä ja ennakoimattomia tehtäviä runsaan ihmisjoukon asuttamiseksi. Syntyi pieniä asumalähiöitä. Ihmisvaellus heijastui koko maamme yhteiskuntaan. Tekniikan aiheuttama rakennemuutos tuhosi lopullisesti ja suhteellisen nopeasti maaseudun työtehtäviä taitoineen. Tuo traktori ja vaikkapa leikkuupuimuri tekivät helposti suuren ihmisjoukon työt. Tekivät nopeasti ja väsymättä.

Vuosituhansia kestänyt maaseudun omavaraistalouden ja lihasvoiman aikainen elomuoto päättyi. Koko väestömme ruuan tarpeiden tuottajien määrä väheni nopeasti. Ruoka-aineiden varastointi alkutuotannossa siirtyi muualle. Jatkojalostuskin siirtyi omalta tilalta laajaan verkostoon. Matka pellosta ruokapöytään on kasvanut sadoista metreistä jopa tuhansiin kilometreihin. Sukupolvemme on saanut kokea jotakin uskomatonta, jota edeltäjämme tuskin osasivat edes kuvitella. Nopeus pakotti ihmiset siirtymään nopeasti uuteen tulevaisuuteen. Sen hallitsemattomuus sisälsi uusia ongelmia.

Traktorien ja leikkuupuimurien sekä joidenkin muidenkin koneiden tulo sai aikaan viime sodan jälkeen ensimmäisen todella nopean ja rajun rakenteellisen muutoksen maaseudulla. Maaseutu toimi vilkkaasti ja sillä oli runsas palveluvalikoima. Hinattavia puimureita oli muutama jo ennen viime sotia. 1950-luvulla tuli käyttöön itsekulkevia puimureita. 1960-luvulla ne syrjäyttivät muut menetelmät. Pientiloilla säilyivät ymmärrettävästi perinteiset korjuutavat.

Itsenäisyyden alkuaikojen virtauksia ja suvantoja

Maaseudun ihmisten elomuoto ja maatalous olivat itsenäisyytemme alussa kuten sitä edeltävänäkin aikana mitä suurimmassa määrin varsin työvaltaista ja raskastakin. Kun muutos viime vuosisadan puolivälin jälkeen on ollut nopeaa, päätin ottaa tähän aluksi tuon noin vuosisadan takaista maaseudun toimintaa erilaisine töineen kuvaavan taulukon. Siitä näkyy maatilan ulkotöiden kirjo ja niiden pääasialliset suoritusajat. Tuohon aikaan elettiin paljolti satovuoden kokonaisuuden mukaan. Siksi kuvioon on merkitty satovuosien jakajana oleva kekriaika.

Toivon, että kuva valaisee vanhempieni elämän ilmapiiriä. Tosin useimmat asiat tulivat vielä omassa nuoruudessanikin itselle tutuiksi.

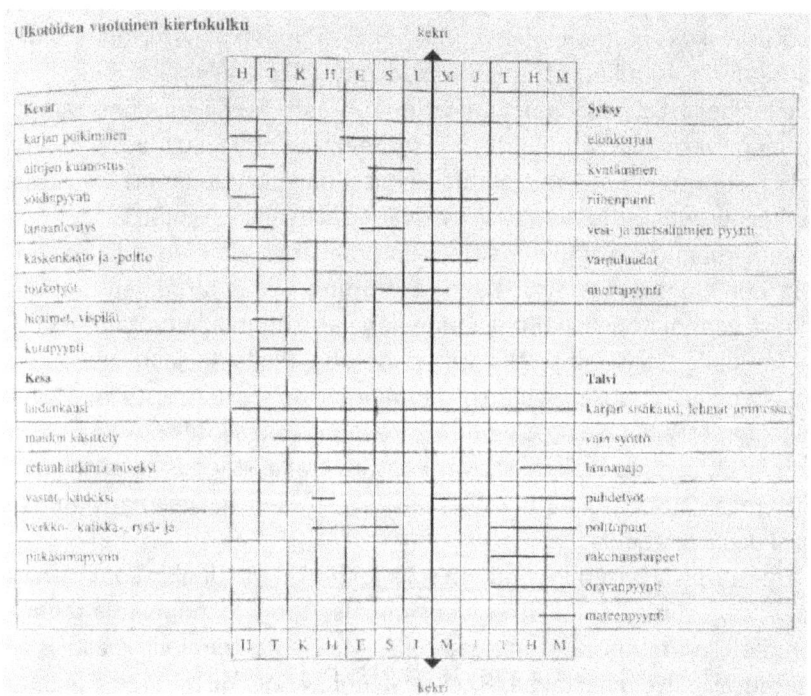

Kuva 20. Kuva maatalon monista tehtävistä vähän ennen syntymääni. Monet tulivat myös tosielämässäni tutuiksi. Tilastokuva XIV Suomalaisilta historiapäiviltä Lahdessa2014. H.K.Lähde.

1920-luku: itsenäisyytemme ehjä alkukymmen

Maamme itsenäisen ajan ensimmäinen vuosikymmen sisälsi paljon toipumista edellisen vuosikymmenen olosuhteista. Itsenäistyminen toi toimintaan iloa ja tahdonvoimaa yhteiskunnan eheytymiseen. Asutustoiminta nousi vuosikymmenellä merkittäväksi osa-alueeksi. Se suuntasi maatalouden tilarakenteen. Se vaikutti ensi sijassa maaseutuun, mutta seuraukset vaikuttivat myös suurempiin asutuskeskuksiin. Autonomiamme aikana vuokralla toimivien maan haltijoiden määrä oli kasvanut mittavaksi. Jo 1700-luvulla poliittinenkin ohjaus edisti uusien viljelmien raivausta ja aikaansaamista. Siitä oli kiinnostunut kruunukin voimakkaasti verotulojen tuottamisen näkökulmasta. Maa oli oikeastaan ainoa verotuksen kohde. Talonpojilla oli oikeus torppien perustamiseen. Vuosisadan lopulla isojako mahdollisti vanhojen maakirjatalojen jakamisen ja uudistalojen muodostamisen. Talojen tultua merkityksi maalle helpottuivat myös perinnönjakojen suorittamiset. Niissä syntyi uusia torppia ja uudisasutusta uusine asumakylineen.[18]

Torppareita oli noin 55 000. Mäkitupalaisiksi kutsuttuja käsityöläisiä tai itsellisiä ja muita vastaavia asui lähes 100 000 maan vuokralaisina. Kokonaisia tilojakin oli vuokramiesten hallinnassa. Heitä kutsuttiin lampuodeiksi. Toimintojen suuntaus ja uurastus lisäsivät väestön kasvua. Väestö oli vielä 1800-luvun alkupuolella lähellä miljoonaa. Vuosisadan aikana se lähes kolminkertaistui. Määrän ruokkiminen tuotti uusia tavoitteita toimintojen kehittämismenetelmiin itsenäisyytemme ensimmäisellä vuosikymmenellä. Koneellistumisen aika alkoi olla ovella. Vuosikymmenen aikana säädettiin useita uutta asutusta muodostavia lakeja. Torppien itsenäistyminen tuli mahdolliseksi. Lex Kalliokin vaikutti asutustoimintaan. Sukunimikin tuli lakipohjaiseksi vuosikymmenen alussa. Sitä ennen sen käyttö oli ollut hyvin vaihtelevaa. Itsenäisyytemme seurauksena monet muutkin kansalaisia koskevat asiat edistyivät myönteisesti. Ahvenanmaan itsehallinto hyväksyttiin.

---

[18] Lähde 2007. Väitöskirja torppareista.

Varsin monimuotoisen ja laajan torpparilaitoksen puitteissa tapahtui 1920-luvulla merkittäviä muutoksia. Erityisesti suurten tilojen päivätyö-torpparilaitoksen piirissä ilmeni parannusta jo ennen itsenäistymisen ajankohtaa. Kehitys johti 1920-luvulla säädettyjen monien erilaisten torppien uutta hallintaa mahdollistavia lakeja.[19]

Maaseudun maataloustoiminnan määrää itsenäisyytemme alussa osoittaa seuraava toimintaympyrä. Elinkeino muodosti lähes kolme nel-jännestä kokonaisuudesta. Sotien jälkeen alkanut koneellistuminen muutti tilannetta nopeasti ja oleellisesti monin tavoin, kuten myöhem-min ilmenee.

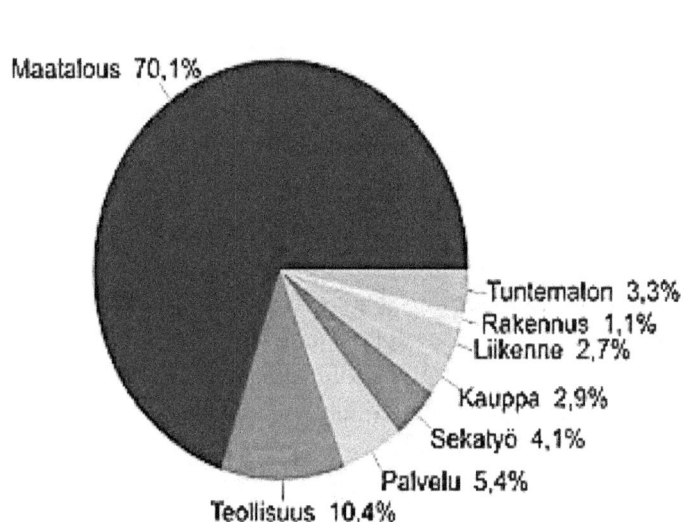

Kuva 21. Maataloudella oli itsenäisyytemme alussa yli 70 prosentin osuus elinkeinorakentees-samme.[20]

---

[19] Lähde 2007. Väitöskirja torppareista. ss. 59-74.
[20] http://www.stat.fi/tup/suomi90/helmikuu.html.

1920-luvun tapahtumia

* Lotta Svärd oli vuosina 1920–1944 toiminut suomalainen naisten vapaaehtoisuuteen pohjautuva maanpuolustustyön tukijärjestö. Järjestö perustettiin tukemaan suojeluskuntia. Sotavuosien 1939–1944 aikana lotat toimivat lukuisissa erityyppisissä maanpuolustusta tukevissa toimissa ja vapauttivat noin 25 000 miestä sotilaallisiin tehtäviin. Järjestö lakkautettiin Moskovan välirauhan ehtojen seurauksena Liittoutuneiden valvontakomission vaatimuksesta vuonna 1944. Kun Suojeluskunta lakkautettiin eduskunnan säätämällä lailla 3. marraskuuta, arveli Lotta Svärdin johto järjestönsä saavan saman kohtalon. Valvontakomissio luokittelikin Lotta Svärdin rauhanehtojen tarkoittamaksi fasistiseksi järjestöksi ja vaati sen lakkauttamista.

Suomen hallitus joutui määräämään 23. marraskuuta 1944 Lotta Svärdin lakkautettavaksi "liian läheisten suojeluskuntasuhteiden" vuoksi. Kaksi viikkoa aikaisemmin oli perustettu myös avustustoimintaa suorittava Suomen Naisten Huoltosäätiö. Säätiö hoiti ruokapalvelua koko maassa ja palkkasi työntekijöikseen entisiä lottia tukeakseen näiden toimeentuloa.

Tasavallan presidentti Mannerheim myönsi järjestön lakkauttamispäätöksen julkistamisen jälkeen lottajohtaja Fanni Luukkoselle Vapaudenristin 1. luokan rintatähden miekoilla eli ritarikuntasääntöjen mukaan kaksinkertaisena. Kunniamerkki on ainoa lajissaan.

*1920-luvun alussa maassamme oli vuonna 1907 perustetun ajoneuvorekisterin mukaan noin 1 800 autoa ja 800 moottoripyörää.

* Maksuton äitiysneuvola sai alkunsa vuonna 1922.

* "Nimismiehen kiharat" hallitsivat sorateitä. 1920-luvulla tehtiin ensimmäisen kerran bitumipäällystettä koemielessä 16 kilometrin matkalle. Vuonna 1925 talviaurattuja teitä oli maassamme vain noin 40 kilometriä.[21]

---

[21] http://www.stat.fi/tup/suomi90/lokakuu.html

1930-luku: laman ja nousun kautta sotaan

Maamme väkiluku oli 1930-luvun alussa jo noin 3 403 000. Vuosikymmen toi lisäystä hiukan yli 184 000. Maa oli tietysti edelleen maatalousyhteiskunta. Yleismaailmallinen lievä lama vuosikymmenen alkupuoliskolla kääntyi lopulla kasvukaudeksi. Ajanjakson loppu toi mukanaan suurimerkityksellisen ja vuosia kestäneen kamppailun itsenäisyydestämme.

Muistien onkaloista monella jo kronologisestikin ansioituneella varmaan tulee mieleen useita muistoja. Joukossa saattaa olla joitakin epämiellyttäviä sekä toivon mukaan joku edelleen mieltäkin ilahduttava muistikuva. Muutamia sellaisia otettakoon esille tässäkin yhteydessä.

Suomi sai ja menetti olympiakisojen järjestämisen. XII olympialaiset piti pitää Japanissa. Tokio joutui kuitenkin Kiinan sodan vuoksi peruuttamaan kisansa. Ne siirrettiin Suomeen ja Helsingille. Ajaksi sovittiin 20.7.-4.8.1940. Valmistelut etenivät. Huhtikuussa 1940 kisat oli kuitenkin pakko taas peruuttaa.

Kuva 22. Olympialaisiin ehdittiin valmistautua monin tavoin. Kuvassa osa sinivalkoisesta peitostani. Kuva: H.K.Lähde.

74

1930-luvun tapahtumia

*Maamme ensimmäiseksi kansainväliseksi kaunottareksi "Miss Euroopaksi" kruunattiin vuonna 1934 Englannissa Suomen Ester Toivonen.

* Tuttu Lauantain toivotut levyt esitettiin ensi kertaa 2.11.1935 eli tänä vuonna 82 vuotta sitten. Ohjelma kuuluu aamuhartauden ohella vanhimpiin yhtäjaksoisiin radio-ohjelmiin radioaalloillamme.

*1930-luvulla säädettiin laki äitiyspakkauksen antamisesta. Maksuton äitiysneuvola oli toiminut jo vuodesta 1922 alkaen.

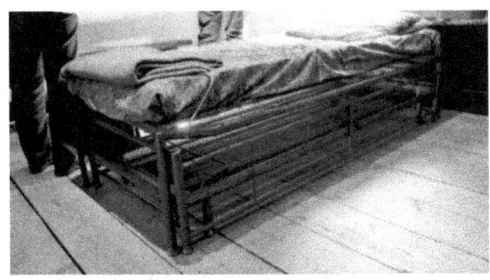

Kuva 23. Meille vanhemmille ikäpolville aikoinaan tutuksi tullut parisänky Heteka tuli käyttöön jo 1930-luvun alkupuolella ja käyttö jatkui 1950-luvulle. Kuva Forssan museosta: H.K.Lähde.

Heteka oli rautarunkoinen leposohva ja kaksoissänky. Runko oli joustava ja verkkopohjainen. Alasängyssä oli pikkupyörät. Se vedettiin esiin. Pohja nostettiin ylös ja näin tuplapeti oli valmis usein natisevaan yökäyttöön. Metallirunko ei miellyttänyt lutikoita eikä muita ajan syöpäläisiä. Hetekan käyttö alkoi hiipua 1950-luvulla.

*Berliinin kesäolympialaiset olivat urheilun juhlaa suomalaisille. Mitaleita kertyi 19 kappaletta. Kultaisia oli 7, hopeisia ja pronssisia 6 kumpaakin. Mittavin saavutus oli 2.8.1936 juostu 5000 metrin juoksu. Ilmari Salminen, Arvo Askola ja Volmari Iso-Hollo saavuttivat kolmoisvoiton.

* Vuonna 1939 Suomen yhteensä 33 700 maantiekilometristä 11 000 kilometriä oli talviaurattuja.[22]

---

[22] http://www.stat.fi/tup/suomi90/lokakuu.html

75

1940-luku: ihmisuhreja itsenäisyyden hinnaksi

Vuosikymmen jakautui selvästi kahteen tuiki erilaiseen jaksoon. Pääosa jakson alkupuoliskosta kului maamme itsenäisyyden puolustamiseen. Raskain rasitus siitä lankesi sotarintamalla olevien harteille. Heidän joukkoonsa kuuluivat monet maaseudulla eläneet miehet ja naiset sekä talojen hevoset monine tarpeellisine tavaroineen. Hevosen tärkein tehtävä oli vetovoiman tuottaminen. Toiminta tarvitsi tietysti erilaisia valjaita sekä kuljetuskalustoa. Sitä saatiin kotirintamalta hevosten mukana. Sinne jääneidenkin tuli huolehtia monista sotatoimiin liittyvistä tehtävistä sekä lisäksi kummankin rintaman muonittamisesta. Se edellytti runsaasti erikoistoimenpiteitä rintamalle toimitettavan muonan suhteen. Oli otettava huomioon kuljetus ja säilyminen. Vanikaksi kutsutun näkkileivän kuljetusta varten tehtiin erikoinen muotti leivontavaiheeseen. Paalatut heinät kuvatkoot hevosille lähinnä kuljetussyistä tarpeellista heinämuotoa. Sotarintamalle kerättiin runsaasti myös tarpeellisia tavaroita. Siellä tarvittiin vaatteita ja suksia liikkumavälineiksi sekä monenlaisia työvälineitä.

Kuva 24. Maaseudulle jääneillä oli vastuullaan ruokkia sekä sotarintaman että kotirintaman ihmiset ja eläimet. Sitä varten kehitettiin uusi leipäformukin. Kuva: H.K. Lähde.

1940-luvun tapahtumia

*Mittavin asia oli Pariisissa 10.2.1947 allekirjoitettu myös meidän maatamme koskeva rauhansopimus. Sotatoimien päätyttyä seurasi kotiseutunsa menettäneiden sekä rintamalla jopa vuosikausia olleiden ihmisten asuttaminen ja asuntoasioiden järjestäminen.

*Säkkijärven polkka pelasti Viipurin. Pioneerit löysivät 2.8.1941 laukaisulaittein varustettuja kumipusseja. Syy kummallisiin räjähdyksiin ratkesi. Kaupunkia oli radiomiinoitettu tietyllä taajuudella räjähtäviksi. Suomi sai selville toiminnan soinnillisen perustan. Yleisradio auttoi asiassa antamalla vaatimattomasta kalustostaan käyttöön lähetysauton, joka ajettiin alueelle. Musiikiksi valittiin sopiva Säkkijärven polkka. Sitä soitettiin katkeamattomasti häirintälähetyksenä 2. helmikuuta 1942 saakka. Viipurin räjähdyksiä ei kuultu ja kaupunki säästyi.[23]

* Suosittu "Metsäradio" aloitti lähetyksensä Pekka Tiilikaisen toimiessa juontajana 14.1.1946. Aluksi se kuultiin kolmasti viikossa, mutta vuodesta 1947 kerran viikossa. Metsätöissä oli tuolloin lähes neljännesmiljoona miestä.

*Vuosikymmenen lopulla tuli yllättävä ja ikävä isku. Aamulla 30. päivänä marraskuuta vuonna 1939 naapurimme tykistö ilmoitti aikeistaan Karjalan kannaksella. Talvisodaksi kutsuttu sota alkoi Neuvostoliiton hyökkäyksellä ilman sodanjulistusta 30.11.1939. Tämä sota kesti 105 päivää ja päättyi 13.3.1940 Moskovan rauhansopimukseen. Suomi menetti runsaan kymmenesosan alueestaan toiseksi suurin kaupunki Viipuri mukaan luettuna.

*Suositut Eläintarhanajot Helsingissä alkoivat 1930-luvulla. Sodan jälkeen ensimmäiset Eläintarhanajot ajettiin äitienpäivänä vuonna 1947. Maksaneita katsojia oli peräti 63 000. Ajojen järjestäminen päättyi 1960-luvun alussa.

---

[23] https://fi.wikipedia.org/wiki/S%C3%A4kkij%C3%A4rven_polkka#Viipurin_pelastaja

Säännöstelyä ja harvinainen tanssikielto

Sota-ajat aiheuttivat maahamme myös viime pula-ajat. Pulaa oli melkein kaikesta muusta kuin puutteista. Siksi tarvittiin tärkeiksi aarteiksi leimattuja tavallisia elämän elintarvikkeita säännöstelemään kansanhuoltolautakunta. Maanviljelijöillä oli lähes koko sadon luovutusvelvollisuus vuodesta 1941 lähtien. Työvelvollisuus koski puolestaan aikuisia ja 15 vuotta täyttäneitä. Valvonnan aukkoihin kehittyi mustapörssi. Se löysi vaikkapa voita tai sianlihaa vaihdettavaksi juuriharjoihin. Kekseliäisyyttä riitti. Kerrotaan sikojakin kasvatetun kaupunkien kylpyammeissa. Kehitettiin myös korvikkeita ja vastikkeita vaikkapa kahvihammasta parantamaan. Säännöstely loppui 1954. Kahvi oli säännöstelty lokakuusta 1939 maaliskuuhun 1954 asti. Todellista juhlaa ja sotaa edeltäneen yltäkylläisen ajan tuntua kansa sai kokea, kun suuri laiva Herakles saapui 24.2.1946 Turun satamaan. Arvokas lasti sisälsi 2 380 000 kiloa kahvia. Voi vain kuvitella, miten se kirvoitti jo saapuessaan kansan korvikkeeseen kyllästyneet makuhermot.

Sota- ja kotirintamilla elettiin eri olosuhteissa. Molemmat toimivat lähellä luontoa. Sotarintama puolusti tuloksekkaasti itsenäisyyttämme jopa oman henkensä uhraten. Kotirintaman oli huolehdittava vähäiseksi jääneellä väestöllään molempien rintamien elintoiminnoista lähes koneettomassa maataloudessa. Kummankin rintaman ihmisissä näkyi olosuhteiden ohjaama elämän leima. Alueluovutusten seurauksena luovutetun alueen asukkaat joutuivat lähtemään kotikonnuiltaan yht'äkkiä tunnin parin sisällä. Mukaansa he saivat vain "mitä voivat itse kuljettaa." Arkielämän tavaroiden lisäksi osa kotieläimistä onnistuttiin omana kuljetuksenaan siirtämään muuhun Suomeen. Pommitukset vaikeuttivat evakkomatkaa. Oli poistuttava tavaravaunuista äkkiä metsään. Joku pommi osuikin vaunuihin aiheuttaen tuhoa.

Tanssikielto tuntuu todella harvinaiselta. Syyt olivat kuitenkin ymmärrettäviä tuossa sota-ajan elomuodossa. Nykyihmisen on vaikea kuvitella yht'äkkiä alkanutta sotaa rintamalla oikeastaan mies miestä - vastaan tuliaseita käyttäen. Kotirintamalta oli huomattava määrä ihmisiä joutunut isänmaatamme puolustamaan.

Oli ymmärrettävää, että kotirintamalla samaan aikaan iloinen tanssiminen tuntui sopimattomalta. Tanssikielto julistettiin alkavaksi 7. päivänä joulukuuta vuonna 1939. Välirauhan aikaan kieltoa lievennettiin. Silloin sai olla tunti tanssia muun iltamaohjelman lomassa. Kielto kumottiin 26.6.1940, mutta saatettiin uudelleen voimaan jatkosodan alettua 28.6.1941. Kolmen vuoden kuluttua lokakuussa 1944 tanssi taas sallittiin tunnin pituisena muun iltamaohjelman yhteydessä. Kieltoa lievennettiin asteittain. Vuoden lopussa kielletyiksi jäivät enää ravintolatanssit. Neljän vuoden kuluttua 9. syyskuuta 1948 kielto koski vain kirkollisia juhlapyhiä 1960-luvun lopulle saakka. Kiellon aikana ymmärrettiin kuitenkin hääparin iloitsemista. Pari sai tanssia omissa häissään yhden valssin. Häävieraiden oli tyydyttävä katselemaan liihottelua.

Kansa keksi omia konstejaan asian suhteen. Pidettiin tanssikursseja. Usein sattui myös, että väkeä oli yllättäen saapunut jonkun talon tupaan tai riiheen tai jopa latoon. Jollakulla sattui olemaan haitari mukana. Näitä nurkka-ja latotanssejakin valvottiin ratsioiden avulla.

*Vuosikymmenen ajalta ansaitsee tulla mainituksi kaksi mittavaa urheilusaavutusta. Vuoden 1941 kävelykilpailuna toteutettu maaottelumarssi muodostui suosituksi tapahtumaksi. Naisten 10 kilometrin kävely alle sata minuuttia tuotti pisteen. Miehillä matka oli 15 km. Se oli käveltävä 80 minuutissa. Voiton valtasi Suomi 1 507 111 suorituksellaan ja sai Ruotsin kuninkaan Kustaa V:n lahjoittaman voittopalkinnon.

*Toinen mittava menestystapahtuma oli huippu-urheilijoiden vuoden 1948 Lontoon olympialaiset. Niissä Suomi sijoittui kuudenneksi 20 mitalilla, joista kultaisia oli 8. Keihäänheitossa kultaa otti Tapio Rautavaara.

*Britannian edelleen hallitseva kuningatar Elisabet ja prinssi Philip vihittiin avioliittoon 20.11.1947. Häiden morsiamesta tuli kuusi vuotta myöhemmin Britannian kuningatar Elisabet II.

Sodan tuhoista yhdessä rakentaen nousuun

Sodilla on aina omat ikävät seurauksensa. Ensimmäisenä haavoittuu totuus. Väestön menetykset ovat ikävin sotien seuraus. Viime sotiemme ansiosta säilytimme itsenäisyytemme omana kansakuntana. Niiden aiheuttamat vauriot muodostuivat kuitenkin surullisen suuriksi. Maailmansodan seurauksena maallemme koitui rauhansopimuksen mukaan sekä asukkaisiin että maa-alueisiin kohdistuneita menetyksiä ja vaatimuksia ja niihin liittyviä seuraamuksia. Seuraavassa lyhyt kooste väestöämme ja maatamme kohdanneista menetyksissä vuosien 1939–1945 taisteluissa[24].

Taulukko 4. Sotien ikäviä ihmiskohtaloita sekä menetyksiä ja muita ajan elomuotoja kuvaavia lukuja.

Asia	Määrä
Kaatuneita/kadonneita	noin 90 000
Heiltä sotaleskiä/sotaorpoja	30 000/55 000 (ESS.27.4.2017)
Kotinsa menettäneitä	422 600 (ESS.27.4.2017)
Porkkala vuokralle 50v.	Palautus 4.2.1956
Syntyneitä 1947 - 1955	1 077 000 ihmistä
Menehtyneitä 1945 - 1955	465 500 ihmistä
Siviilejä menehtyi talvisodassa	957 (ESS.27.4.2017)
Väkiluku 1939/1945	3 888 443/3 751 614
Lottia tehtävissään talvisodassa	71 190 (ESS.27.4.2017)
Evakkoja	noin 424 000 on 11 %
Maa-alueet yhteensä	43 105,84 neliö-km. (https:// fi.wikipedia.org/wiki /Luovute-tut_alueet

---

[24] https://fi.wikipedia.org/wiki/Sotaorpo#Toinen_maailmansota

80

Kotikontunsa menettäneitä kutsuttiin evakoiksi ja heidät asutettiin nopeasti uudelleen Suomen alueelle. Apua tarvitsivat myös monet sotarintamalla useita vuosia olleet. Suomi menetti rauhansopimuksen mukaisesti vähän yli kymmenesosan itärajaamme liittyvästä maa-alueestaan. Menetysten lisäksi oli luovutettava Porkkalan alue vuokralle ja tukikohdaksi 50 vuoden ajaksi. Alueen 7252 asukasta oli kymmenessä päivässä evakuoitava eläimineen ja tavaroineen 29.9.1944 mennessä. Syntyi maailman pisin tunneli 18.11.1947, kun alueen kautta kulkevien junien ikkunat peitettiin aukottomasti. Neuvostoliitto palautti alueen takaisin kuitenkin jo 4.2.1956. Asukkaat pääsivät takaisin entisille asuinsijoilleen. Ennallaan ne eivät olleet. Uusiokäyttö oli aiheuttanut uskomatonta tuhoa siniväritystyksen lisäksi. Totesin sen itsekin ollessani yhtenä kesänä pari vuotta myöhemmin muutamina päivinä suorittamassa mittaustehtäviä alueella. Vielä tuhoisampaa tapahtui Lapissa. Laaja Lapin alue muuttui suurelta osin savupiippumetsäksi.

Sodilla on aina ollut vain ikäviä seurauksia. Välittömästi tapahtumissa olleet kokivat niitä eniten. Paikan ja toiminnan etääntyessä kärsimykset ja haitalliset vaikutukset vähenivät. Isäni ja toinen setäni eivät olleet rintamatehtävissä sairauksien vuoksi. Siksi isäni ja jalkavaivainen setäni määrättiin mukaan monenlaisiin kotirintaman ja kansanhuollon tehtäviin. Kotikylälläni oli monia nuoriakin esimerkiksi ilmavalvontatehtävissä. Paukkupakkasetkin liittyivät sotatalviin. Kirkkaalla sinitaivaalla näkyi usein viholliskoneita.

Muistan, kuinka Joonaksen Kalevi-poika juoksi joskus talosta toiseen ja viestitti, että ikkunat pimeiksi ja kynttilätkin sammuksiin. Tummat pimennysverhot kuuluivat ikkunoiden vakiovarustuksiin. Sähköähän ei tuolloin ollut ja viesti kulki vain ihmiseltä toiselle tavatessa. Puhelinkin oli utopiaa. Kansa sodista kuitenkin kärsi eniten. Hyötyä oli ehkä työllisyydelle ja tekniikan kehitykselle ja myös kansalle. Itsenäisyys säilyi. Sotatulosten vuoksi voimme tänä vuonna juhlia itsenäisyytemme sataa vuotta. Yli 0,4 miljoonaa kansalaista oli asutettava uudelleen. Monet olivat sodassa vammautuneita. Noin 70 000 lasta muutti naapurimaihin. Suurin osa asutettiin Ruotsiin. Osa jäi sinne lopullisesti. Sodan menetyksiä on myös edellä olevassa taulukossa.

Osa kotipitäjäläisistä koki kovan kohtalon.

"He tulivat viimeisen kerran kotiin.
Eivät palanneet enää sotiin.
Heidät muistolehtoon saatettiin.
Kotiseudun sankarihautaan siunattiin."

Kuva 25. Lammilaiset isänmaamme puolustajat ovat saaneet viimeisen leposijansa kirkon seinustan sankarihaudoissa. Alemmassa kuvassa Porraskosken kansakoulun seinällä ollut muistolaatta viime sodassa menehtyneistä kotikyläni asukkaista. Kuva: H.K.Lähde.

Sodan jälkeisen ajan kiireimpiä tehtäviä olivat luonnollisesti kodittomiksi jääneiden ihmisten asuttaminen. Myös huomattava joukko itsenäisyytemme puolustamisessa mukana olleiden ihmisten uudet olosuhteet ja menetykset oli hoidettava kuntoon. Oli asutettava pienentyneelle alueellemme lähes puolimiljoonaa ihmistä uusiin oloihinsa. Materiaalisella puolella sotakorvaukset vaikuttivat voimakkaasti työllistäen ja uusia taitoja kehittäen. Teollisuus selvisi varsin mittavista sotakorvauksista rauhanehtojen mukaisesti määräaikana 23.9.1952.

Maallemme merkittävä asia oli, että siirtoväen kotiseututunne tahdottiin säilyttää. Samojen alueiden asukkaita pyrittiin asuttamaan edelleen samalle alueelle. Karjalaista elomuotoa siirtyi ilahduttavasti maamme muiden kansalaisten joukkoon. Asutustoimintoja seurasi myöhemmin useita muita lakeja. Sellaisia olivat esimerkiksi maankäyttölaki, maatilalaki, maaseutuelinkeinolaki. Myös monet laajat uusjaot pyrkivät parantamaan maatalouden oloja ja mukautumista yhteiskunnan muutoksiin.

Viime sotiemme alkaessa vuonna 1939 oli väestön määrä 3,7 miljoonaa. Maaseudun osuus siitä oli noin 74 prosenttia. Kolme neljästä asukkaastamme asui maaseudulla. Kymmenkunta vuotta myöhemmin vuonna 1950 maaseudun väestöosuus oli 67,7 prosenttia koko väestöstä eli 2 990 000 asukasta. Seuraava kymmenen vuoden jakso pudotti maaseudun osuuden 61,6 prosenttiin. Vuonna 1970 muutos kulminoitui ja vaaka keinahti lopullisesti kaupunkiväestön puolelle 50,9 prosentiksi. Näin maaseudun osuudeksi jäi 49,1 prosenttia.

Kansanhuolto ja Suomen huolto elon ohjaajina

1930- luvun tapahtumat aiheuttivat monenlaista vöiden kiristämistä. Vuosikymmenen lopulla vastuu ohjattiin kansanhuoltojärjestelmälle. Sen ohella Suomen huolto pyrki tutun talkootoiminnan periaatteilla monissa asioissa omalla vapaaehtoistoiminnalla auttamaan kansalaistemme elämää

Kuva 26.Mottikirveitä ja koululaisten talkoomerkkejä oululaisessa museossa. Kuva: H.K.Lähde.

Kansanhuoltoministeriö perustettiin 20.09.1939 "käsittelemään asioita, jotka koskevat väestön toimeentulon ja maan talouselämän sekä taloudellisen puolustusvalmiuden turvaamista". Siihen kuuluivat kansanhuoltopiirit kuntakohtaisine kansanhuoltolautakuntineen. Ministeriössäkin oli enimmillään noin 800 viranomaista. Se toimi vuoden 1949 loppuun. Kansanhuoltolautakuntia oli vielä 1950- luvulla.[25]

Suomen Huolto perustettiin vuonna 1941. Sen tarkoituksena "oli taata avustustyön tasapuolisuus ja tarkoituksenmukaisuus". Järjestö hoiti apua kansainvälisesti monilta valtioilta. Kotimaassa se toimitti avustusta läänikohtaisten ja paikallisten vapaan huollon keskusten kautta. Järjestön jäseninä olivat muiden muassa Suomen Punainen Risti, Mannerheimin Lastensuojeluliitto, Suomen Aseveljien Liitto, Lotta-Svärd ja Pelastusarmeija. Kaikkiaan jäsenjärjestöjä oli 19. Kansanavun suurkeräykset tuottivat kansan tuottoisista käsistä noin 14 miljardia silloista markkaa. Suomen Huolto lopetti toimintansa vuonna 1952.

---

[25] https://fi.wikipedia.org/wiki/Kansanhuolto. [25] https://fi.wikipedia.org/wiki/Suomen_Huolto

Ihmisten elämää ja kotitaloutta ohjasi varsin laaja ostokorttijärjestelmä. Kortit tulivat käyttöön jo 12.10.1939. Viimeisinä lähes 15 vuotta kestäneestä korttisäännöstelyn ostorajauksista vapautuivat sokeri ja kahvi helmi-maaliskuussa vuonna 1954. Enimmillään oli voimassa 51 erilaista korttia.

Vuosisataan sisältyi aikaisemmasta ajasta poiketen nopeiden muutosten myötä useampia maaseudullekin merkittäviä rakennemuutoksen vaiheita. Omavaraistalouden ajalta monet kronologisesti ansioituneet muistavat vielä nykyäänkin uusille polville lähes käsittämättömiä elomuotojen toimintoja. Ämmänlänget toimivat vesijohtoina. Maakellarit korvasivat jääkaapin. "Vie mennessäs, tuo tullessas ja tee siellä ollessas" oli merkittävä ohje entisajan elomuodon kuljetusjärjestelmässä.

RUOKA KORTILLA

■ Sota-ajan vaikeimpina pula-aikoina kansalaiset saivat elintarvikkeita kuponkien mukaan:
■ Leipää 200 grammaa päivässä
■ Maitoa 2 dl päivässä
■ Voita 150 g kuukaudessa
■ Lihaa 433 g kuukaudessa
■ Sokeria 750 g kuukaudessa
■ Jotka eivät halunneet tupakka-annostaan, saivat sokeria lisäksi 250 g kuukaudessa
■ Kananmunia 4 kpl kuukaudessa
■ Kahvia tai korviketta ei ollenkaan

Lähde: Aake Jermo, Kun kansa ei kortilla, Karli Salovaara: Säännöstellen selvittiin

Kuva 27. Yllä esimerkki kansalaistemme ruoka-annoksesta. Kuva:h.K.Lähde .

85

Pulasta korvikkeilla, vastikkeilla ja uusiokäytöllä

Sodan aikana ja vielä sen jälkeenkin maassamme vallitsi todellinen pula-aika. Se vaikutti kansalaisten arkeen monilla tavoilla. Korvike ja vastike tulivat monissa yhteyksissä tutuiksi. Korvike oli osittain sopivasti korvattu aito tuote. Vastike oli alkuperäisen aineen täysi vastike. Kun aitoa kahvia ei kuitenkaan aina ollut saatavilla, oli keksittävä monenlaista korvikkeen vastiketta. Kahvin korvikkeen lisäaineita olivat ainakin ruis ja ohra sekä voikukan juuretkin. Kansa oli kekseliäs. Muistan, miten monenlaista puuhaa "kahvin" käsittely oli, vaikka en tarkoin kaikkia vaiheita tietänyt. Mutta ne ihmetyttivät nuorukaista. Aika kirvoitti kovasti kansalaisten kekseliäisyyttä. Sikurikin tuli tutuksi. "Kaikki nyt on vastiketta, soosikin on kastiketta". Näin Hiiriniemen Heino kansanrunoilijana ilmaisi päätä pudistellen metsäisessä mökissään asian. Kekseliäisyys rehotti myös kuponkikaupan rinnakkaisilmiönä.

Tämä viimeisin pula-aikamme osoitti kansalaistemme kekseliästä ennen vanhan aikaista täydellistä kiertotalouden noudattamista. Ei silloin ruokaa kaatopaikoille kärrätty. Lehmä jalosti ruohosta maitoa ja ihminen jatkoi maidon jalostamista uskomattoman moniksi ruokatuotteiksi. Samoin voitiin jatkojalostaa harvoin ylijäänyttä ruokalajia uudeksi muunnokseksi. Idea ei tuottanut taitamisesta pannukakkua vaan aitoa pannukakkua. Sikakin hyödynnettiin sorkista suutarin tarvitsemisiin harjaksiin. Liikarasvasta keitettiin saippuaa. Paperista tehtiin kenkiä ja lakanoitakin.

Kuva 28. Kuvassa monenlaisia kahvin korvikkeita ja niihin liittyviä tuotteita oululaisessa museossa. Vieressä muistoksi sieltä jostain. Kuvat: H.K.Lähde.

86

Kultakorujen keräystä ja setelien leikkaus

Kultakeräykseen liittyi erityinen harvinaisuus. Siksi otan sen esille ihan aluksi. Taata eli kirjailijaneromme Frans Emil Sillanpää otti osaa kultakeräykseen, mutta miten. Taatan joulupakinat ovat vielä luulisin aika monille tuttu jouluaaton ohjelmanumero. Niiden radiointi alkoi vuonna 1945, ja ne jatkuivat keskeytyksettä 19 vuotta eli Sillanpään kuolemaan asti ja kuuluivat erottamattomasti suomalaiseen joulunviettoon. Kirjailijanakin F. E. Sillanpää on varmaan monille tuttu. Kirjailija Frans Emil Sillanpää ilahdutti kansaamme juuri sodan kynnyksellä. Hänelle myönnettiin ensimmäisenä suomalaisena kirjallisuuden Nobel-palkinto 1939.

Kirjailija matkusti Anna-vaimonsa kanssa Nobelin noutomatkalle Tukholmaan junalla. Lentoliikenne oli sodan vuoksi katkaistuna. Junamatka oli vaikea. Palkinto luovutettiin 14.12.1939 Ruotsin Akatemian kokoushuoneessa. Kulkuvaikeuksien vuoksi Sillanpää jäi Ruotsiin eri tilaisuuksiin. Paluu Suomeen tapahtui lopulta lentämällä pimennettyyn Turkuun 9.3.1940. Neljä päivää myöhemmin tuli rauha. Nobelisti oli jo 25.1.1940 luovuttanut kultaisen Nobel-mitalinsa Suomen lähetystöön ministeri Eljas Erkolle edelleen toimitettavaksi Suomeen kultakeräykseen.

Sodan aikana tarvittiin varoja paljon kaikkeen. Puolustusvoimien varat ja kalusto olivat varsin vaatimattomat. Sotilaiden lisäksi tarvittiin varusmiespalvelun suorittaneet terveet ihmiset. Tarvittiin myös paljon muita. Naisia lähti runsaasti lottina eri tehtäviin rintamalle. Osa jäi maaseudulle moniin toimiin esimerkiksi ilmavalvontaan. Kansanhuoltojärjestelmäkin vaati tuhansia ihmisiä toimiinsa. Sotarintamalle kerättiin suurin osa maatilojen hevosista ja niiden tarvitsemista valjaista muine välineineen. Sota-aika koetteli myös kansan karttuisaa kättä sekä vapaaehtoisesti että ottamalla Ihmisiltä muun muassa lainaa. Joku keksi esittää kultasormusten ja muiden korujen vaihtamista rautasormuksiksi. Idea tuottikin valtiolle noin 315 000 sormusta ja yli 19 100 muuta kultaesinettä.

Toinen keräystapa oli yllätys. Viime tingassa ilmoitettiin radiossa yllättäen kansalaisille, että uudenvuodenpäivänä vuonna 1946 kaikki hallussa olevat 500 ja 1000 sekä 5000 markan setelit oli leikattava keskeltä poikki. Muistan hyvin tapahtuman. Ei siinä paljon leikkelemistä ollut, mutta eipä se miellyttävältä tuntunut. Oikea puoli vietiin pankkiin pakkolainaksi valtiolle. Toinen puoli jäi puoliarvoisena kotikäyttöön.

87

Kotirintamaa kohtasi myös harvojen moottoriajoneuvojen luovuttaminen. Hevosvoimia vietiin huomattavasti enemmän tarpeellisine varusteineen ja sodan aikana toimitettuine heinäpaaleineen.

Kuva 29. Sotarintama tarvitsi hevosvoimia sekä suomenhevosina että moottoriajoneuvoina. Alakuvassa käsikäyttöinen heinänpaalauslaite. Kuvat Soinista:H.K.Lähde.

Pilkkeitä häkäpöntön hämmennykseen

Auton starttaaminen ei viime sotiemme aikaan tapahtunut aivan käden käänteessä. Ei ainakaan kotirintamalla. Autoja ei kovin montaa ollutkaan. Ne tarvittiin lähes kaikki sotarintaman käyttöön. Niin tarvittiin myös vähäinen bensiinimäärä. Ulkomaan tuonnissakin oli ongelmia. Kotirintaman harvinaisia autoja oli käytettävä muulla keinoin. Se tapahtui häkäkaasun avulla. Sillä käyviä henkilöautoja oli noin 20 000 kappaletta. Vuoden 1946 lopulle määrä oli laskenut 9278 autoon.

Polttoainetta varten sahattiin koivukiekkoja. Näistä kovalevyistä pilkottiin pieniä palasia. Kuivattuina ne sullottiin auton ulkopuolella törröttävään pönttöön. Auton kojelaudasta kytkettiin päälle lievä imuri, josta putki johti häkäpönttöön. Pöntössä olevia pilkkeitä sytytettiin paperipalalla tai tuohella. Eli pantiin paperit vetämään, kuten sotamies totesi antaessaan hevoselle selluloosaa. Kun polttoaine alkoi kyteä ja tuottaa häkää, voitiin auto käynnistää. Ajaminen ei bensiinimallista poikennut. Voima vain oli vähäisempää ja kulku verkkaisempaa. Matkustajat joutuivat joskus työntämään linja-autoa vaikeissa keliolosuhteissa.

Pilkkeiden tekeminen tuotti monille pikkupojille mukavaa iltapuuhaa ja samalla nykyään viikkorahaksi kutsuttua tuloa. Nuoruudessani taskurahaa vastaan oli tehtävä jotakin. Lisäpennosilla saattoi joskus ostaa kansakoulua lähellä olevasta kaupasta puuronkastiketta tai kuivattuja porkkanan tai omenan palasia pussissa. Ne olivat sen ajan makeisia.

Vasta sotaisan vuosikymmenen loppupuoliskolla ollessani jo kaupungin lyseossa, kotikunnassani ei ollut mahdollista päästä ylioppilaaksi asti, ilmestyi pikku kauppaan joskus Sisu-pastilleja tai mustanaamakuvioisia lakritsapötköjä. Huhu kiiri pian kaupungille ja jonoa syntyi. Kauppa lukittautui ja jono piteni. Kullekin myytiin vain pari kappaletta niin kauan, kuin tavaraa riitti.

Häkäpönttöauto jäi vuosikymmenen ajalta nykyisyydestä katsottuna ihmeeksi. Gebhardin astiankuivauskaappi jäi nykyaikaan asti säilyneeksi keksinnöksi. Niin myös vuosikymmenen lopulla alkanut ilmainen kouluruokailu.

Kuva 30. Nuoruudessani tein pilkkeitä ja seurasin niiden käyttöä linja-autossa. Kuvassa puukaasu rakennettuna vanhaan traktoriin. Alla aidot evakkorattaat kuormineen. Niillä on tehty evakkomatka aikoinaan Hämeeseen. Hevonen ja kuski ovat nykypolvea. Kuskin vieressä istuu evakkomatkalla matkalla vauvana mukana ollut henkilö. Kuvat: H.K.Lähde.

Rintamien toimintateemana "yhdessä" juhlavuoden tapaan

Itsenäisyytemme puolustaminen oli taistelua miesvoittoisella sotarintamalla. Sitä se oli omalla tavallaan myös naisvoitoisella kotirintamalla. Miehiä ja naisia oli molemmilla rintamilla jopa nuorukaisina tärkeissä tehtävissä. Ihmiset hoitivat tehtäviä erillään mutta kuitenkin yhdessä. Kuva sisimmässä sydämen sopukassa toimi tukea antaen hoitaen ja hoivaten sekä yhteyttä molemmin puolin sydämellisesti vahvistaen. Se oli sen ajan merkittävää sydänten yhteyttä langattomasti. Sitä tuskin kerrotaan virallisissa toimintapäiväkirjoissa. Asia ansaitsee kaiken kestävänä tunnustuksen ässäkin yhteydessä. Oheinen kirjeen kulmaus olkoon siitä tositteena.

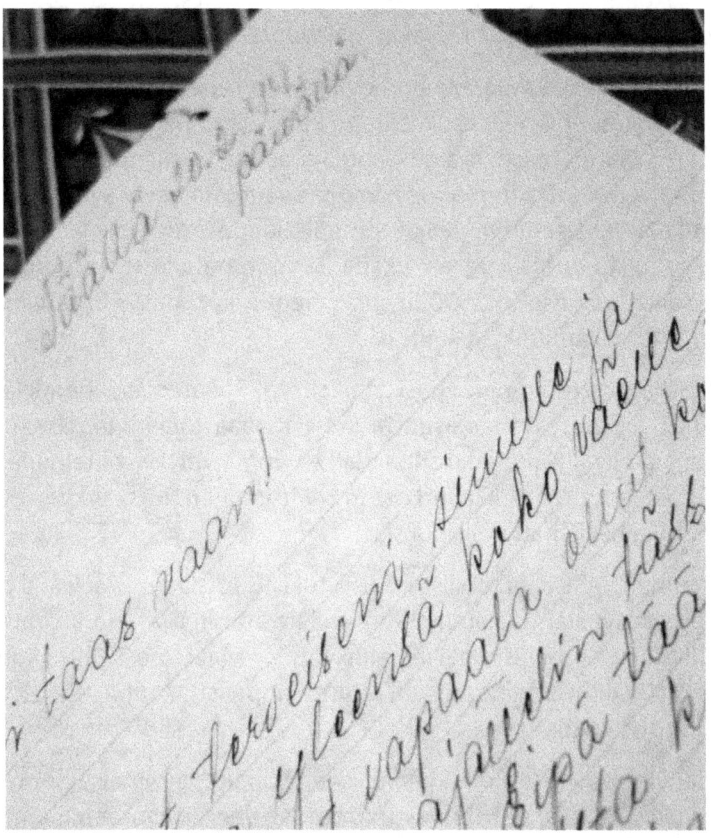

Kuva 31. Kirje sieltä jostain. Niinhän rintamalta viestintä tapahtui. Usein viikkoja kestänyt viestien vaihto kertoi toiminnasta itsenäisyytemme juhlavuoden teemalla "Yhdessä". Kopio: H.K.Lähde.

91

Sukupolvi taisteli sodan ja kohensi teollisuuden

Suomi puolusti vain muutama vuosi yli kaksi vuosikymmentä aikaisemmin saavuttamaansa itsenäisyyttä viitisen vuotta 1940-luvun alussa. Maamme tempautui mukaan Eurooppaa laajempaan Toiseksi maailmansodaksi kutsuttuun kamppailuun. Ihmishenkien menetykset ja tuhot olivat määrältään ja laadultaan mittavat ja käsittämättömät.

Maamme säilytti itsenäisyytensä. Omat menetyksemmekin tuntuivat kohtuuttomilta. Niistä päätettiin lopullisesti pöydässä missä ei juuri maamme mielipiteillä sijaa ollut. Kovasta hinnasta huolimatta itsenäisyyden säilyttäminen tuntuu tärkeältä saavutukselta. Muista seuraamuksista on kerrottu toisaalla tässäkin juhlavuotemme kirjasessa.

Itsenäisyys on iso asua. Maamme oli ja pysyi edelleen sodan jälkeenkin pari vuosikymmentä niin asukkailtaan kuin toiminnaltaankin maatalousvaltaisena. Kaupunkien orastavaa taaja-asutusta oli tosin syntynyt jo muutama vuosisata sitten. Varsin vanhaa asutusta olivat synnyttäneet jo kaupunkeja aikaisemmin laajat emäpitäjämme kirkonkyliinsä. Teollisuutta syntyi jo Ruotsin vallan aikana. Monet metallituotantoon liittyvät ruukit saivat alkunsa jo 1500-luvulla. Vientiä ja tuontiakin tapahtui joidenkin satamakaupunkien kautta.

Sahoja perustettiin pari vuosisataa sitten. Sahateollisuuden lisäksi alkoi kehittyä muutakin teollisuutta ja vastaavaa toimintaa. Useimmiten perustajina olivat muut kuin suomalaiset ymmärrettävistä taloudellisista vaikeuksista johtuen. Kulkuverkoston kehittyminen toissa vuosisadalla loi toiminnoille hyviä mahdollisuuksia.

Taajamien kehitys ja teollistuminen tukivat toisiaan. Teollisuus tarvitsi ihmisiä ja kasvavien taajamien ihmismäärät tarvitsivat monia ihmiskunnan elämälle tarpeellisia palveluelinkeinoja. Maamme kehitys tapahtui sota-aikaa lukuun ottamatta suhteellisen nopeasti. Koulutusta oli tapahtunut jo toissa vuosisadalla.

Joidenkin teollisuusalojen kehitykseen vaikuttivat ilmeisesti myös sotakorvauksiin kuuluneet tehdastuotteet. Niiden aikaansaaminen kehitti taitoja. Suuntaus on joillakin aloilla jatkunut ja ehkä temmannut mukaansa muutakin yritystoimintaa. Ainakin paljon mynteistä yrittämistä juhlateeman "yhdessä" merkeissä on näköpiirissä.

1950-luku: uurastuksella hyvinvointiin

Sota-aika oli vaikuttanut voimakkaasti suomalaiseen perhe-elämään. Miesväkeä oli runsaasti maatamme puolustamassa. Naisväkeä oli sekä sotarintamalla että kotirintamalla. Näiden perheoloja häirinneiden tapahtumien tilalle syntyivät pian sodan jälkeen suuriksi ikäluokiksi kutsutut lapsijoukot. Näin perhe-elämä palautui lasten myötä nopeasti. Se sai uusia muotoja samoissa elämänvaiheissa uurastavassa elomuodossa. Vuosikymmenen loppupuolella alkoi myös laajeneva televisiotoiminta voimistaa yhteenkuuluvuutta. Monin paikoin keräydyttiin mielenkiintoisten uusien tv-näkymien ääreen yhdessä aikaa viettämään. Teollistuminen ja kaupallistuminen alkoivat tunkeutua suomalaiseen arkielämään. Koneellistumisen aiheuttama maassamuutto edisti voimakkaasti arkielämässä tapahtuvaa vallankumouksellista rakennemuutosta.

Uunilämmityksen ja lihasvoiman aikana tilalla tarvittiin runsaasti ihmistyövoimaa. Talkoot ja naapuriapu auttoivat hetkellisissä työvoiman tarpeissa. Talossa toimi ruokakunta, johon kuului perheen lisäksi palkollisia, joista piiat ja rengit olivat yleisimpiä. He elivät mukana talon ruokakunnassa. Muonamiesjärjestelmä toimi pääosin omassa taloudessaan.

Koneellistuminen vähensi nopeasti työvoiman tarvetta. Perheyhteisö alkoi muodostua omana yhteisönään elämän tavaksi. Maatalon töiden siirtyessä koneiden toimintaan seurasi nopeasti laajaa työttömyyttä. Perheyhteisö alkoi saada lisäarvoa. Kaupungistumista seurasi monille uudenlaisia suhteita niin työssä kuin oman perheen ja suvun puitteissa. Naapuritkin tulivat lähemmäksi. Arki alkoi myös vauhdilla kaupallistua.

Maaseudun töitä uudistava rakennemuutos koetteli vuosisatoja lähes muuttumattomana pysyneitä talkootoimia. 1950-luvulla kaivattuna apuna uuvuttavaan työhön tullut väsymätön traktori syrjäytti hevosen jättäen kuin muistoksi hevosvoiman voiman mittayksikkönä. Työn ääni muuttui ihmisten iloisuudesta kohti yksitoikkoisen tahdikasta liukuhihnaisuutta. Työn ilolla ja lihasten levolla ohjattu talkootoiminta sai sekin vähitellen koneohjattua sisältöä. Tahtia korosti koneen puksutus. Talkooidea on kuitenkin säilynyt. Tapahtumien kirjo on laajentunut suurista urheilutapahtumista monenlaisiin ponnistuksiin läheisten auttamiseksi.

Vuosikymmenen koneistus ennakoi rajua rakennemuutosta.

1950-luvun olympialaiset maamme suurtapahtuma

Kuva 32. Olympialaisista on muistoinani keppituoli sekä pari pääsylippua Hämeenlinnan ja Helsingin stadionin tapahtumiin. Kuvat: H.K.Lähde.

*19.7-3.8.1952 pidettiin Helsingissä vuodelta 1940 sotatilanteen takia siirretyt olympialaiset, 12. kesäolympialaiset Helsingissä. Osallistujia oli lähes 5000 urheilijaa 69 maasta. Suomi sai 22 mitalia, joista kultaisia oli 6 kappaletta. Osa tapahtumista oli Hämeenlinnassa. Kuvat:H.K.Lähde.

*Rovaniemeläinen Tauno Luiro hyppäsi talvella 1951 Oberstdorfin lentomäessä 139 metriä, mikä oli uusi maailmanennätys. Se pysyi voimassa kymmenen vuotta.

94

1950-luvun tapahtumia:

*Sota-aikainen säännöstely loppui vuonna 1957.

*Lehmäkohtaisen maitotuotannon määrä alkoi kasvaa.

*Työajat säännöllistyivät ja vapaa-aika alkoi lisääntyä.

*Harrastuskenttä laajeni, viihde lisääntyi, lomamatkailu sai suosiota.

*Perjantaina 15.3.1957 aamulla talvipakkasessa kello 9.45 tapahtui Kuurilan aseman lähellä maamme rauhanajan pahin turma rautateillä. Surmansa sai 26 ihmistä. Muistan, miten oli hiljaista seuraavana aamuna junassa ja tyhjää ensimmäisessä vaunussa tullessani kotiin Helsingistä.

*Vuoden 1952 Suomen neito Armi Kuusela valittiin 29. kesäkuuta 1952 ensimmäiseksi Miss Universumiksi Long Beachissa. Maailmanympärimatkallaan hän tapasi Virgilio Hilarion ja avioitui hänen kanssaan.

*Säveltäjä Jean Sibelius kuoli 20. syyskuuta 1957 Ainolassa. Sotamarsalkka Carl Gustaf Emi Mannerheim menehtyi 27. tammikuuta 1951 Lausannessa. Hänet saatettiin viime lepoon 4.02.1951 Hietaniemeen.

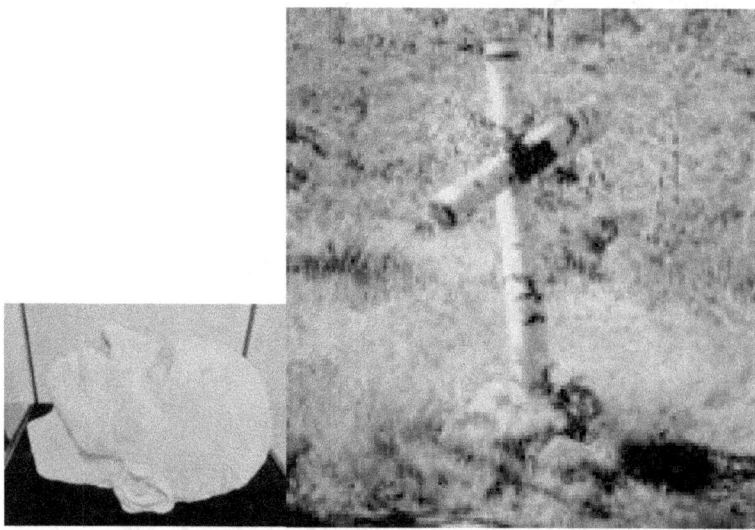

Kuva 33. Marsalkka Mannerheimin kuolinnaamionsa löydettiin muutama vuosi sitten Lahdesta, Oikealla runsas kymmenen vuotta myöhemmin kuvaamani risti Kyllikki Saaren soiselta löytöpaikalta.
Kuvat: H.K.Lähde.

*Isojokelainen 17-vuotias Kyllikki Saari surmattiin Isojoella 17. touko-
kuuta 1953. Murha on maamme kuuluisimpia selvittämättömiä henkiri-
koksia. Hänet löydettiin vasta syksyllä suohaudastaan. Siunaustilaisuu-
teen kokoontui noin 25 000 ihmistä. Kävin suohaudalla 10 vuotta myö-
hemmin ollessani Isojoella työmatkalla.

*Oslon talviolympialaisissa saatiin historiaan Evon metsäpoikia edusta-
neen Veikko Hakulisen 50 kilometrin hiihtoaika 3.33.33. Hän ja Arvi Viita-
nen toivat Evon metsäpojille jopa kaksoisvoittojakin hiihtokilpailuissa

* Kuningatar Elisabet II nousi 6.2.1952 muun muassa Australian, Kanadan
ja Uuden-Seelannin kuningattareksi. Hänet kruunattiin kuningattareksi
kesäkuun alussa vuonna 1953. Lokakuussa 2016 hänestä tuli 90-vuoti-
aana maailman pisimpään vallassa ollut monarkki.

*Vuonna 1955 Väinö Linnan Tuntematon sotilas valloitti suomalaiset.

*26.1.1956 varmistui Porkkalan alueen palauttaminen takaisin Suomelle.

*Hollolalainen Siiri "Äitee-Rantanen" toi viestitrion kultamitalisteiksi Cor-
tinan olympialaissa 1.2.1956.

*Yleislakko maassamme maaliskuussa 1956.

*Marraskuussa 1957 Laika-koirasta tuli ensimmäinen avaruudessa mat-
kannut elävä olento Neuvostoliiton lähetettyä Maan kiertoradalle. Sput-
nikia seurattiin taivaalla myös Suomessa

*Kuun näkymätöntä puolta kuvasi ensimmäisenä Venäjän Luna 3- nimi-
nen avaruusluotain lokakuussa 1959.

*Maailman ensimmäinen avaruuteen lähetetty mies oli kosmonautti Juri
Gagarin, joka 12.4.61 viipyi 98 min maata kiertävällä radalla Vostok 1:llä.
Jatkoa seurasi pian, sillä astronautti Alan B. Shepard kiersi 15 min maata
5.5.61 raketilla, jonka lempinimi oli "Freedom 7 ". John Glen kiersi kolme
kertaa maapallon 20.2.62, Andrian Nikolajev kiersi sen peräti 64 kertaa
11.8.62 ja Pavel Popovits 48 kertaa 12.8.62.

*21. heinäkuuta 1969 kello 2.56 UTC, kuusi ja puoli tuntia laskeutumisen
jälkeen, Armstrong astui Kuun pinnalle sanoen: "Tämä on pieni askel ih-
miselle, mutta suuri harppaus ihmiskunnalle".

Radion kehitystä 1920-luvulta 1960-luvulle

Radiotoiminta sai alkunsa vuonna 1917 Tampereen Teknillisessä Opistossa kuunneltaessa eetterin aaltoja itse tehdyillä välineillä. Vuoden 1919 radiolaki siirsi laitteiden käytön valtiolle. Kaksi vuotta myöhemmin valtioneuvosto myönsi Nuoren Voiman Liiton Radioyhdistykselle, Suomen Radioamatööriliitolle luvan kokeilutarkoitusasemien käyttöön. 6.1.1923 lähetettiin ensimmäinen gramofonikonsertti Helsingissä.

O.Y. Suomen Yleisradio - A.B. Finlands Rundradio lähetti ensimmäisen ohjelmansa torstaina 9.9.1926. Radiotoiminnan tavoite oli hyvä yhteisymmärrys ja hedelmällinen yhteistyö ohjelman lähettäjän ja kuuntelijain välillä. Kuuluttaja Alexis af Enehjelm kuulutti lähetyksen alkaneeksi. Päivästä tuli säännöllisen yleisradiotoiminnan syntymäpäivänä. 10.9. radioitiin ensimmäinen jumalanpalvelus ja 14.9. ensimmäinen kuunnelma. Joulukuussa aloitti tuttu Markus-setä 30 vuotta kestäneet Lastentunnit kaurapuuroineen. Ylen vanhin edelleen toimiva ohjelma on radiojumalanpalvelus. Se alkoi 12.9.1926 vain kolme päivää lähetystoiminnan alkamisesta. Tosin Tampereen radioyhdistys oli aloittanut toimintansa jo edellisvuoden helmikuussa.

Ensimmäinen urheiluselostus kuultiin Suomi-Ruotsi-maaottelusta Tukholmasta. Hartaudet ovat radion vanhimpia ohjelmia. Ensimmäinen lähetettiin maanantaina 7.3.1932 suorana Helsingin Vanhasta kirkosta. Suomisen perhe alkoi vuonna 1938. Vanhin tallessa oleva ohjelma on presidentti P. E. Svinhufvudin uudenvuoden puhe vuodelta 1935. Nykyisinkin kansaa kiinnostava presidentinlinnan itsenäisyyspäivän vastaanotto radioitiin ensimmäistä kertaa vuonna 1949. Puhelinlangat laulaa - lähetys alkoi vuonna 1972.[26]

Lahden radioaseman lähetykset alkoivat 22.4.1928. Lahden toinen suurasema valmistui 1935 jouluaattona.[27]

Kuuntelulupamaksut eli radioluvat valtio otti käyttöön vuoden 1927 radiolailla. Miljoonas radiolupa lunastettiin vuonna 1955. Kaksi miljoonaa saavutettiin 1975. Vuonna 1977 radiolupamaksut poistettiin.

---

[26] http://yle.fi/aihe/artikkeli/2015/01/11/ylen-vuosikymmenet.
[27] http://yle.fi/aihe/artikkeli/2015/01/11/ylen-vuosikymmenet

TV toi muutosta elämään 1950-luvulla

Ääniradio oli ehtinyt jo lähes kahden vuosikymmenen ikään. Samoihin aikoihin oli alkanut tihkua tietoja näköradiosta. Kaapeliverkossa sitä jo kokeiltiinkin. Näköradio muutti nimensä kansainväliseksi eli televisioksi. Sen julkinen ensi askel otettiin Teknillisen Korkeakoulun sähkölaboratoriosta 24.5.1955. "Ei yksin kuulemiin, vaan myös näkemiin", olivat Suomen ensimmäisen mustavalkoisen tv-lähetyksen päätössanat. Stadionin torni sai lähettimensä 1957 ja seuraavan vuoden alussa Suomen televisio aloitti säännölliset lähetyksensä. Televisio teki tuloaan.

Vuonna 1958 Vuokko Arnin enteilemä ihme sitten tapahtui. Yle aloitti säännölliset televisiolähetykset Suomen television nimellä ja Radio-orkesterin soittamalla tunnussävelellä. Television suosio oli suurempi kuin oli osattu aavistaakaan. Kotimaiset elokuvat, urheilu ja radiosta tutuksi tullut lavaviihde vetivät katsojia, ja vuoden 1964 alkupuolella puolen miljoonan tv-luvan raja meni rikki. Rajapyykkiä juhlistettiin televisiossa Niilo Tarvajärven Laatikkoleikki-viihdeohjelman erikoislähetyksellä. Värilähetykset alkoivat kokeiluina seuraavan vuosikymmenen alussa. Vuonna 1969 tasavallan presidentin uudenvuodenpuhe aloitti viralliset väri-tv-koelähetykset.[28]

Tv toi uutta ilmettä ja viihdettä lisää maaseudun oloihin. Kuva maailmasta avartui. Uusia elämäntapaideoitakin syntyi. Uudenlainen julkisuus loi samalla tuttuja julkkiksia. Markus-setä oli muodostunut radiossa kuuluisuudeksi äänen perusteella. TV teki näöltään tuttuja kuuluisuuksia. Teija Sopasesta tuli lähes kaikkien tv-tuttu melkein parin vuosikymmenen aikana. Monia muitakin tuttuuksia syntyi. Niilo Tarvajärvi ansioitui tutuksi laatikkoleikkeineen ja hyväntekeväisyystoimineen. Hän organisoi kansalaiskeräyksen, jonka tuloksena toukokuussa 1967 luovutettiin poliisille 58 autoa.[29] Mahtava joulumaa-ajatus tuli minulle tutuksi juuriaan myöten saatuani olla hänen matkaystävänään pari viikkoa Floridaa kierreltäessä 1980-luvulla. Tuntuu edelleen todella valitettavalta, että tämä mainio ajatus tuhoutui kummallisista syistä.

---

[28] http://yle.fi/aihe/artikkeli/2015/01/11/ylen-vuosikymmenet.
[29] ET.kalenteri.2017.

98

Televisio lisäsi lupaviidakkoa. Laitteen hallussapitolupa tuli käyttöön 1958. Väritelevisio toi oman maksunsa järjestelmään vuonna 1969. Vuonna 1996 mustavalkoisen tv:n lupa poistettiin ja se muuttui yhdeksi luvaksi. Vastaanottimiin sidottu tv-lupa poistui käytöstä ja hinnaltaan yhtenäinen tv-lupa tuli käyttöön koko maan alueella, kunnes vuonna 1999 maksutapaa muutettiin. Nykyään maksamme yleveroa.[30]

TV-toiminta on kokenut runsaan puolen vuosisadan aikana monia uudistuksia. Mustavalkoinen kuvaruutu muuttui värilliseksi. Lähetys muuttui digitaaliseksi ja lopulta meille tutummiksi teräväpiirtoisiksi HD-kanaviksi. TV- vastaanottimetkin ovat muuttuneet toiminnoiltaan älypuhelinten ja tietokoneiden kaltaisiksi. TV on hankala kuljettaa mukana ja älypuhelimen kuva on vaatimattoman. Tabletti toimikoon keskivertona kuljettaessa.

Televisio sai aikaan suuren muutoksen ihmisten kokoontumisiin. Se valloitti itselleen monipuolisen keskiön paikan. Se keräsi ihmisiä tapaamaan toisiaan kahvikupin ääressä. Kahvipöytäkin sai uuden muodon. Kaikkien tuli päästä istumaan hyvän näköyhteyden paikkaan. Toisaalta tv lamautti maaseudun seuraelämää. Viihteen kenttä muuttui. Sosiaalisen elämän sisältö muokkautui uudenlaiseksi. Maailmankuvakin laajeni huomattavasti. Julkkiksia ja suosikkeja syntyi ja he tulivat tutuiksi kuvaruudun kautta. Alkoi kehittyä uudenlaisen elomuodon aika.

Kuva 34. Kuvaruutu valtasi vähitellen tilaa radion rinnalla. Kuva Nastolasta:H.K.Lähde.

---

[30] http://www.tv-maksu.fi/navi6_22.html

Maaseudun tilamäärien muutos 1917-1952

Tarkasteluajan ehkä vähän poikkeukselliset vuodet johtuvat tuona aikana voimassa olleesta jakolainsäädännöstä. Vuonna 1953 tuli voimaan uudistettu maanmittaustoimituksia koskeva jakolaki. Tarkasteluaikana säädettiin useita erikoislakeja. Ne sekä niiden vaikutus maarekisterissä oleviin tilamääriin ilmenevät seuraavasta taulukosta. Vuoden 1952 lopussa oli maarekisterissä voimassaolevia tiloja kaikkiaan 738 427. Kaupunkien alueilla pidettiin omia rekisteitä. Niiden tilamäärät eivät sisälly maarekisterin lukumääriin.

Taulukko 5. Maamme maarekisterissä olevien tilojen kokonaismäärä sekä eräiden erikoislakien mukaan vuosina 1917 - 1952 muodostettujen tilojen lukumäärät:[31].

Asia	Ajankohta			Kappaletta		
Maarekisterissä tiloja	1952 lopussa			738 427		
Tilalisäys maarekisterissä	1916 – 1952/ luovutusalue			640 000		
Torppia ja mäkitupia	1920 - 1948			124 000		
Pika-asutuslaki 1940	ennen talvisotaa			8 500		
Normaali asutustoiminta	ennen talvisotaa			48 500		
Maanhankintalaki 1945	ennen vuotta 1950			93 500		
Muu tilaksi muodostus	1917 - 1952			n. 365 500		
Maarekisterissä tiloja	1980			1 570 856		
Maatiloja[32]	2005	69 517	kpl	peltokeskiala	43,0 ha	
Maatiloja	2015	50 999	kpl	peltokeskiala	45,0 ha	

Kiinteistörekisterissä olevien tilojen määrä on ymmärrettävästi ositusten myötä kasvanut. Viime vuosisadan alkupuoliskon aikana maamme kehittyi kohti pientilavaltaisuutta. Väsymättömien koneiden tehokäyttö siirsi muutoksen suunnan niin viljan kuin eläintuotannonkin kohdalla kohti yhteen lajiin erikoistumista. Samalla viljelmien määrä väheni ja koot kasvoivat. Suuntaus on jatkunut tähän vuoteen asti. Maatilojen määrä on laskenut jo alle 50 000. Peltojen keskipinta-alan muutos on laantunut vähäisemmäksi kasvuksi. Noin kolmasosa tiloista on mukana viljanviljelytiloina.

---

[31] Maanmittaus Suomessa 1633 – 1983. ss.374-375,379.
[32] Tilastokeskus

Itsenäisyysajan uudisasutustoimintoja

Lyhyt katsaus viime vuosisadan aikana tapahtuneisiin maatalouteen vaikuttaneisiin rakenteellisiin muutoksiin on paikallaan tässäkin yhteydessä. Ensimmäinen niistä oli 1920-luvun alussa toimeenpantu torppien itsenäistyminen. Sitä seurasi vuoden 1922 "Lex-Kallioksi kutsuttu" lähinnä tilatonta väestöä koskeva asutuslaki, jonka vaikutus jäi vähäiseksi. Seuraavakin vuoden 1936 asutuslaki jäi vähämerkitykselliseksi. Viime sotiemme seurauksena säädettiin 26.6.1940 pika-asutuslaki sekä myöhemmin vuonna 1945 maanhankintalaki. Eri lakien mukaan perustettujen tilojen määrä ilmenee seuraavasta taulukosta. Tarkemmin asioista[33].

Taulukko 6. 1900-luvun aikaisista asutustoiminnoistamme ja niiden tuloksien suuruuksista.

Ajankohta ja laatu		Tiloja kpl	Vuosi	Tiloja kpl [34]
Ennen itsenäisyyttä[35] ; torppia		n. 55 000	1935	594 226
"	mäkitupalaisia	n. 95 000	1940	679 435
"	lampuoteja	n. 1 500	1945	627 369
			1950	684 849
			1954	809 110
1920-luku.Torpat/mäkituvat.		N. 125 000	1960	1 045 956
1922 asutuslaki		36 000	1970	1 307 151
1936 asutuslaki		vähäinen		
Pika-asutuslaki		jäi kesken		
Maanhankintalaki		n.127000		

Työvoimatorppia itsenäistyi 1920-luvulla. Väitöskirjassani olen osoittanut työvoimatorppien sekä uudisasutustorppien olemassaolon ja merkityksen.[36] Uudisasutustorpat olivat haltijansa omistamia. Ne itsenäistyivät yleensä luovutuskirjojen perusteella. Suurin osa työvoimatorpista itsenäistyi kutakin lajia koskevien erikseen annettujen lakien mukaisesti 1920-luvulla.

---

[33] Lähde1996.
[34] Lähde 1996. s.12 ja Maanmittaus Suomessa.1983. s.169.
[35] MAANKÄYTTÖ.1/2006/P. Virtanen.
[36] Lähde 2007. Väitöskirja torppareista.

101

1960-luku: lihasvoiman uupumisesta koneapuun

Ensimmäisiä koneita maatalouteemme tuli jo aivan 1800-luvun lopulla. Vuosisadan konehankinnat jäivät yksittäistapauksiksi. Itsenäisyytemme puolustaminenkin aiheutti lievää pula-aikaa seuranneena katkoksen kehitykseen. Koneellistuminen pääsi uuteen alkuun vasta 1950-luvulla. Lähes ryntäys koneavun saamiseen tapahtui 1960-luvulla. Kone alkoi korvata tehokkaasti töiden tekemistä. Seurauksena oli nopeaa työttömyyden aiheuttamaa ihmisten muuttoa pois maaseudulta. Koneellinen vetovoima vaikutti hevosten määrään. 1950-luvulla hevosia oli noin 410 000. Vähenemisen vauhti oli noin 150 000 hevosta kahden vuosikymmenen aikana. Muutos vaikutti ymmärrettävästi heinäpellon alueeseen. Heinäpeltojen tarve väheni noin hehtaarilla hevosta kohti.

Kuva 35. Saksalainen höyryaura Pyhäniemen kartanon pellolla vuonna 1898. Kuva: H.K.Lähde kartanon esitekansiosta.

Maatalouden laitteet kehittyivät tietysti vuosisatojen aikana. Koneellistuminen voimistui 1800-luvulla. Esimerkiksi leikkuupuimurin koneversio kehittyi USA:ssa 1830-luvun lopulla. Muulivetoinen kone sai käyttövoimansa pyörien kautta kuten meidän hevosvoimaiset niittokoneetkin. Kone leikkasi viljaa yli 4 metrin leveydeltä. Koekäytössä oli jopa puimuri, jonka leikkuuleveys oli yli kymmenen metriä. Se oli 24–36 hevosen vetämä voimakone.[37] Omaan maahamme maailmansotien välillä tulleet leikkuupuimurit olivat hinattavia ja apumoottorilla toimivia.[38]

Elämä tavallisessa talonpoikaiskylässä muuttui 1900-luvulla viiveellä suurtiloihin verrattuna mutta kuitenkin nopeasti. Unhola on saanut varastoonsa suuren annoksen ennen vanhaan tuttua toimintaa. Perustoiminta on pysynyt ja näyttää pysyvän. Kaikki ravintomme saa alkunsa maaseudun mullasta. Lihasvoiman aikainen on tuttua yhä pienevälle joukolle koneellistuneen suurtoiminnan vuoksi.

Viljan matka uuden sadon tuottajaksi alkoi vilja-aitasta. Siemenvilja kylvettiin monin tavoin muokattuun ja karjantuotteilla lannoitettuun muhevaan multaan. Osan kylvi isäntä edessään riippuvasta vakasta tahdikkaasti käsin vuorotellen jalkojen astunnan tahdissa. Hevosvetoisen kylvökoneen avulla siemen kätkeytyi suorina riveinä runsaan metrin levyiselle kaistalle. Siemen tuli oraalle. Ruis heilimöi. Niin tekivät muutkin viljat. Sato kypsyi korjattavaksi. Se niitettiin tai kaadettiin niittokoneella. Vilja kuivui seipäillä ja kuljetettiin riiheen. Maanantai oli raskas puintipäivä. Lajittelun ja kuivatuksen jälkeen jyvät siirtyivät jyväaitan laareihin. Siellä ne odottivat jalostumista jauhoiksi ja lopulta ruokapöytiin ja osaksi taas uutta satoa kasvattamaan siemenviljoina.

Maatalous työllisti mittavan työmäärän takia suuren perheen ja vielä laajemman ruokakunnan. Maatila oli monien palkollisten, renkien ja piikojen sekä joidenkin itsellistenkin koti jopa vuosikymmenien ajan. Joukosta kehittyi perheen muodostamisen kautta useita omaa elämäänsä aloittelevia muonamiesperheitä.

---

[37] Heikkonen 1989. s.240

[38] Lähde: Pehkonen, Lahden historiapäivät.

Hevonen oli runsas puoli vuosisataa sitten lähes ainoa voimakone. Yksihevosvoimaisella pärjättiin. Ihmisvoima hoiti omat osuutensa. Monenlaista tekniikkaakin osattiin käyttää. Vivut olivat ehkä yleisimpiä. Veneen airotkin olivat sellaisia. Pitempi matka mahdollisti vähemmän voiman käytön. Se auttoi jyrkissä rinteissä ja kaivovettä vintatessakin. Hevonen oli todella tarpeellinen voimakone. Sitä käytettiin kaikkeen kuljetukseen ja moniin matkoihinkin. Peltotöissä muokkauksesta sadon varastointiin oli käytössä useita erilaisia yhdellä hevosvoimalla toimivia maatalouskoneita. Niitä tarvittiin vielä pitkälle 1950-luvun alkuun. Puusta tehdyt koneet muuttuivat vähitellen pajoissa metallirakenteisiksi kylän seppien toimesta. Hevosella oli pysyvä perusvarustus valjaina. Aisat toimivat kytkentälaitteina. Talvisin käytössä pidettäviä tilusteitä aurattiin kotitekoisilla puuauroilla tarpeen mukaan. Kylän pääteiden auraus oli varsin vähäistä. Ei ollut tarvettakaan. Moottorikulkuneuvoja ei ollut.

Uskomattoman moni asia koki mittavan muutoksen. Monityyppinen ja monikasvilajinen sekä lajirikas eläimistö oli kokenut tavallaan oman kohtalonsa. Sen aiheutti monipuolisen metsämaan muuttuminen muokkaamisen muuntovaiheissa pääasiassa yhtä kasvilajia tuottavaksi. Tarpeelliset toiminnan tulosta tuottavat tarvikkeet tulivat toisenlaisiksi työstettäviksi. Luontevasti luonnossa liikkuneet lajit lähestyivät kunnoltaan kohennettaviksi kotieläimiksi. Niiden lajikirjokin kehittyi luonnon eläinten kesyttämisen ja alkujalostamisten kautta vähitellen eläinsuojia täyttämään ja ihmislajin tarpeita tyydyttämään. Muutoksista huolimatta moni eläinlaji säilyi omilla elintavoillaan kotieläimiä vapaammin lajiaan jatkamassa. Lintulajit lentelivät. Maaeläimet jatkoivat pintapuolista asumistaan ja elämistään. Vesiympäristössä vaeltavat kalalajit jatkoivat pinnan alla elämistään ja sukunsa jatkamista. Niillä ja metsän elävillä oli vielä tarvetta ihmisten nautinnoiksi. Niin alkoi muutos kauan sitten. Nyt hyppäys muutama vuosituhat lähemmäksi pelto- ja kaskiviljelyn aikoihin.

Asutuksen vakiintuessa maatalous kehittyi ja ihmisten määrä alkoi lisääntyä. Maamme väkiluku oli kasvanut vuosina 1870 – 1914 1,64 miljoonasta 2,76 miljoonaksi. Se vaikutti omavaraisuuteen, joka muodostui leipäviljan osalta 40 prosentiksi. Muutoksen johdosta maamme muuttui 1900-luvun alkupuolella tuonnin suhteen kääntöpiiriksi. Viljan vienti vaihtui viljan tuontiin ja samalla voin vientiin. 1890-luvulla tuli pari jäänmurtajaakin auttamaan asiaa.

Lihastyön tarpeen määrä kaipasi sotien jälkeen nopeasti apua työpaljouden hoitamiseksi. Sitä tuli. Avun saamista katsottiin tyytyväisyyden näkökulmasta. Vaan eipä aikaakaan, kun ilmeni saadun avun aiheuttamat vähän yllättäneet muutokset. Oohoo sentään, sanottiin ennen vanhaan. Näinkös tässä nyt kävikin. Apu aikaansai yllättävän nopean ja rajun muutoksen maaseudun toimintoihin ja elämään. Muutosten paketti on laaja. Kuvailen jatkossa työtaitojen arkistoitumista kolmen kokonaisuuden koosteena. Ihmisen ja kotieläinten asuintilat ja tarpeelliset toiminnot talouskeskuksen piirissä muodostavat oman kokonaisuutensa. Toinen iso alue on maatalous kasveineen ja niiden toimintoineen. Kolmas koostuu metsätaloudesta töineen ja toimintoineen.

Kaikkia osa-alueita ovat itsenäistymisestä 1960-luvulle ohjanneet samat suuntaviivat. Niiden yhteisohjauksella on tultu ikään kuin puolimatkan krouviin. Lähes koko matkan ajan maatalous oli kulkenut kasvun tietä. Menetetty peltoala oli korvattu raivauksilla entistä ehommaksi. Maamme johdon ohjaama ja monista muistakin syistä maatalous oli muuttunut entistä pientilavaltaisemmaksi. Isojaossa muodostuneiden uusien asumakylien uudisasutustorpat ja isojen tilojen työvoiman tarvetta tyydyttänyt päivätyötorpparilaitos itsenäistyivät. Muutkin asutustoimintaa ohjaavat ja sodista seurannut kodittomista ja rintamalla olleista huolehtiminen lisäsivät niin pellonraivausta kuin tilamäärää. Tuorerehu auttoi karjatalouden muodostumista lähes joka tilalle. Vienti ja tuontikin muuttuivat monen tuotteen osalta.

Nopeasti syntynyt tilanne merkitsi tienhaaraan saapumista. Oli ohjauduttava uuteen suuntaan. Mitä tämä muutos merkitsi kokonaisuuskolmikossa. Sen me tiedämme nyt. Mutta sitä ei oivallettu 1960-luvulla. Jälkiviisaudeksi en tätä tarkoita.

Suuntaus maaseudulla teki täyskäännöksen puoli vuosisataa sitten. Itsenäisyysaikamme toisella puoliskolla tie suuntautui kohti tehokkaampaa toimintaa. Se merkitsi automaattisesti erikoistumista. Luonnollista oli tietysti myös viljelmien lukumäärän laskeminen sekä viljelmäkohtaisten pinta-alojen huomattava kasvaminen. Kasvua tapahtui tietysti myös kaikessa muussa yksikkökohtaisessa tuotannossa. Toiminnan ja tuotannon tehostuminenkin kuului kuvaan. Kaikki tuo muodosti toisistaan riippuvan kokonaisuuden.

Koneilla tuloksia ja peltopaketointia

Konevoima yllätti jo vetovoiman avuntuojana monin tavoin. Apua tuli suhteellisen nopeasti. Avun tuonnin suhteen tulos oli myönteisesti yllättävä. On myös todettava, että tehokkaalla koneellistumisella oli yllättäviä seurausilmiöitä. Ne kaikki eivät olleet pelkästään myönteisiä. Muistettava on tietysti myös se, että yksi asia ei ole yksin saanut aikaan työtapojen muutosta eikä myöskään maatalouden lajikirjon muutoksia. Niihin ovat vaikuttaneet eri tavoin lukuisat laajemmatkin asiat. On kysymys ainakin Euroopan ellei jopa koko maapallon laajuisista asioista. Nekin ovat varsin monitahoisesti huomioitavia. Rajat ovat madaltuneet. Kansainvälisyys on lisääntynyt ja voimistunut varsin varteen otettavaksi tekijäksi.

Kokonaisuus huomioiden voitaneen kuitenkin todeta, että koneellistuminen ja maatalouden tuotantosuunnat ovat molemmat vaikuttaneet samaan myönteiseen lopputulokseen. Se on lyhyesti ilmaistuna tehokkaampi tuloskunto. Se vaikuttaa selkeästi meidän kansainväliseen menestykseemme. Muutoksen mukana on eduksi pysyä.

Konetehokkuus on saanut aikaan yllättäviä tuloksia maatalouden parissa. Ne ovat vaikuttaneet palvelualojen paikkakuntien sekä teollisuusalueiden ja taajamien elämään. Noin miljoona ihmistä joutui muuttamaan asuinpaikkaansa maataloudesta uuden työn hakuun. Määrä on tietysti vaikuttanut siihen, että suuri ihmismäärä tarvitsee asuntoja, kulkuyhteyksiä, koulutusta sekä terveyden ja sairaanhoitoa sekä lapsille ja vanhuksille mahdollisuuksia omaan toimintaan. Historiamme suurin ikäluokka oli yli 108 000 ihmistä. Osa heistä viettää tänä vuonna 70- vuotispäiviä.

Maataloudessa on viime vuosisadan lopun aikana tapahtunut monilajisuuden muutos niin kasvituotannossa kuin eläintuotannossakin. Yksilajinen tuotantotoiminta on muotoillut melkeinpä yksilajisuuden ainoaksi toimintalinjaksi. Ilmeisesti monia koskettavin, muutokseen johtava päätös nuijittiin eduskunnan toimesta 12.5.1969. Eduskunta hyväksyi lain peltojen paketoinnista pellonvaraussopimuksineen eli viljelemättä jättämisestä. Tuli monasti mieleeni, miltä mahtoikaan tuntua siitä korvenraivaajasta, joka oli juuri päässyt kokemaan tulosten tuloa itse raivaamistaan uusista tiluksista sotamenetysten jälkeen.

1960-luvun tapahtumia ja suunnanmuutoksia

*Koneellistuminen sai aikaan tilakoon suurenemisen.

*Koneellistuminen yllätti määrällään ja nopeudellaan. Pientilavaltaisuus muuttui kohti suurempia viljelmiä. Maatalouden tuottajista tuli vähitellen myös kuluttajia. Viljan jalostusmatkat alkoivat kasvaa. Ruuan hankintamatkat pitenivät.

*Peltojen paketointi alkoi ja koetteli hiljattain tilansa valmiiksi saanutta raivaajaa.

*Juri Gagarin lensi ensimmäisenä ihmisenä avaruudessa 12.04.1961 Neuvostoliiton Vostok-raketilla.

*Toukokuun alussa 1961 Tukholmassa nostetusta Wasa-laivasta löytyi nostettaessa siellä ollut Paavo Nurmen pienoispatsas. Sen olivat teekkarit sukeltaneet sinne salaa vartioinneista huolimatta.

* Väinö Linnan Tuntematon sotilas tuli Tampereen Pyynikin kesäteatterin ohjelmistoon vuonna 1961, ohjaajana Edvin Laine. Tuntematon sotilas oli ohjelmistossa yhdeksän kesää. Se saavutti kaikkien aikojen yleisöennätyksen: 372 esitystä ja 348 854 katsojaa.

*Kuumoduli Eagle laskeutui irrottauduttuaan emäalus Columbiasta 20.07.1969 kello 20.17.40 kuun Rauhallisuuden mereen. Ensimmäiset ihmiset kuun pinnalla olivat amerikkalaiset Neil Armstrong ja Edvin Aldrin. 21.07.1969 kello 2.56 Armstrong astui Kuun pinnalle: Hänen sanansa olivat: Tämä on pieni askel ihmiselle, mutta suuri harppaus ihmiskunnalle.

*Kruunupyystä Vaasaan matkalla ollut lentokone putosi Koivulahdessa 03.01.1961. Siviili-ilmailumme pahimmassa turmassa menehtyivät kaikki koneessa olleet 25 ihmistä. Vierailin paikalla muutama vuosi tapahtuman jälkeen. Olin töissä Pohjanmaalla pari vuosikymmentä.

*Keimolan moottoriradan avajaiskilpailu pidettiin 12.06.1966. Radan perustaja oli kilpa-autoilija ja tennistähti Curt Lincoln vuonna 1965. Ajoin radalla kilpaa Fiat kuussatasella alle 850:n luokassa. Nopeus pääsuoran lopussa oli noin 170-180 km. tunnissa.

*Ahveniston moottorirata Hämeenlinnassa valmistui 15.07.1967. Radan toisessa kilpailussa 5. 09.1967oli mukana useita F1-tähtiä.

Kuva 36. Ahveniston avajaiskilpailussa ajaneet olivat 19.8.2007 kutsuvieraina tapahtumassa. Itse olen sinitakkinen leukapartainen Heikki keskellä kuvaa vaaleissa housuissa.

*25.10.1967 hallitus päätti laskea äänioikeusikärajan 21 vuodesta 20 vuoteen.[39]

* Lomamatkailu ulkomaille laajeni 1960-luvulla. Aurinkomatkat, Tjäreborg, Vingmatkat kuljettivat kansalaisia etelän aurinkolomille. Kanaria, Rodos ja Kreikka sekä Espanjan aurinko olivat isoja vetonauloja.

* Kalevi Keihänen perusti Keihäsmatkat 1965. "Markalla Mallorcalle. kahdella Kanarialle, pennillä Pyhään maahan." Tuttuja Keihäsen mainoslauseita. Irwin Goodman ja Hymy-Lahtinen kuuluivat mainosmiehiin. Keihäsen lentoyhtiö koneinaan Härmän jätkä ja Härmän Mimmi alkoi toimintansa 1970-luvulla. Keihäsen taru päättyi vuonna 1974 konkurssiin.

---

[39] ET-kalenteri.2017.

Talouskeskuksen koneetonta aikaa

Naisten ja miesten työalueet erottuivat selvästi omiksi reviireikseen vielä puoli vuosisataa sitten. Huomattava määrä oli tosin jo yhteistäkin uurastuskenttää. Talouskeskuksen ja maatalouden sekä metsätalouden kolmijakoisesta alueellistumisesta katsoen töiden painopisteissä on löydettävissä selviä eroavaisuuksia. Talouskeskukseen kotitalousalueen aitauksessa lähes kaikki toiminta oli emäntäjohtoisen naisväen hallinnassa. Se oli karjakoiden ja piikojen toiminta-aluetta. Monipuolinen vaatehuolto pesupaikkoineen ja tupatöineen kuului siihen.

Ravitseminen ja eläimet muodostivat kokonaisuuden. Kotieläimet olivat osittain kaksikotisia. Osa siirtyi kesäajoiksi laidunkauteen. Tallin asukkien laita oli toinen. Vetojuhdat olivat jokapäiväisesti ulkotöissä. Metsissä oli erityisesti talvikuukausina ja uittoaikaan keväälläkin luonnon armoilla tapahtuvia raskaita töitä. Siksi kausi oli isäntäjohtoisen miesväen hallinnassa. Kesäajan maataloustyöt muodostivat suurimman yhteisyyden naisten ja miesten töissä. Erot olivat kuitenkin suurelta osin varsin selkeät. Niinpä vuosisadan puolivälissä apuun tullut koneellistuminenkin vaikutti tehtäviin selkeästi. Merkittävimpiä apuvoimia oli kaksi. Oli sähkö ja vetovoima-aluetta auttamaan tullut traktori. Sähkö aikaansai uskomattoman muutoksen talouskeskuksen alueella. Traktorin apu painottui ennen hevosvetoisten laitteiden vetoon.

Kuva 37: Sähkö tuli johdoissa näkymättömästi seinään ja sen kautta sisätiloihin. Traktorin suunta näyttää olevan niittotöitä tekemään. Kuvat: H.K.Lähde.

"Vie mennessäs, tuo tullessas" oli toimiva kuljetusfirma

Mikä lopettikaan veden kannon sitä tarvitseviin paikkoihin. Mikä vähensi jokapäiväisen joka huoneen lämmitykseen tapahtuvan puuliiterin käytön ja tuhkan poistamisen sekä koko lämmitystapahtuman vain yhteen paikkaan. Se vähensi pikkuaskareita, ja käynnisti lukemattoman määrän laitteita koko talouskeskuksessa. Sen helpotus kohdistui lähes yksinomaan naisten töihin. Tuntuu käsittämättömältä, mitä kaikkea sähkön tulo saikaan aikaan.

Suurin toimintaa helpottava muutos tuli asuinrakennukseen. Näkyvin asia oli valaistuminen. Askartelu öljy- ja karbidilamppujen kanssa muuttui napista painelemiseksi. Sähkö mahdollisti putkiston ja patterien sijoittamisen nykyisille paikoilleen. Puiden ja vesien kanto loppui. Vettä sai hanasta ja lämpöä ikkunoiden alla olevista pattereista. Enää ei tarvinnut joka huonetta lämmittää erikseen omilla uuneillaan. Keittiön hella ja tuvan leivinuuni sekä karjakeittiön vesipata ja sauna jäivät puulämmitteisiksi. Keittiön hella muuttui vähitellen sähköliesiä sisältäväksi. Maatilan viljelyn ja karjanpidon yksilajistuminen muuttivat myöhemmin koko talouskeskusten toimintaa uudelleen todella vaikuttavasti.

Kuva 38. Vanha Högforsin ykkönen sai vähitellen väistyä sähköistetyn sisarensa tieltä. Lämminvesisäiliö jäi kokonaan pois käytöstä. Kuva: H.K.Lähde.

110

Pihaliikenne väheni huomattavasti sähkön ansiosta. Sehän oli lähes jatkuvaa monenlaisten taakkojen kantamista "Vie mennessäs, tuo tullessas ja tee siellä ollessas"-ohjeen mukaisesti. Puiden kantaminen liiteristä sisälle loppui lähes kokonaan. Samoin kävi veden kantamiselle kaivosta keittiöön ja käytetyn veden viemiselle pois sen syntypaikasta. Vähitellen sisälle saatiin sijoitettua kokonaan uusi tila. Se muodostui aluksi ulkohuusin korvanneesta wc:stä.

Sauna pesutiloineen säilyi pitkään omana erillisenä rakennuksenaan. Sauna oli vielä nuoruudessani melkoinen monitoimitila. Puulämmitteinen kiuas oli omalla paikallaan. Lauteet olivat ehkä nykysaunoja laveampia. Pesutila oli saunan yhteydessä. Veden lämmittämiseen välttämätön uuni vei oman tilansa. Saunahan toimi myös pyykinpesutilana. Kiukaan lämpöä käytettiin monissa tehtävissä. Sodan jälkeisenä pula-aikana valmistettiin korviketta. Joskus kuivattiin sipuleitakin. Valmistettiin myös maltaita ja sahtiakin tuli tehdä joissakin tiloissa.

Pukuhuonetta ei erikseen maalaistalon saunassa ollut. Vaatteet mahtuivat naulaan tai penkille. Tupaan kipaisivat lapset alasti. Talvisaikaan poikettiin saunan löylyistä kierahtamaan pehmeään lumihankeen. Enkelin kuvia paikasta löytyi seuraavana aamuna.

Kuva 39. Hirsirakenteisessa saunassa pestiin, pyykättiin ja savustettiin. Sauna oli ennen vanhaan todellinen monitoimialue. Kuva: H.K.Lähde.

111

Näkymätön sähkövoima koneellisti talouskeskusta

Sähkö sai aikaan uskomattoman suuren muutoksen talouskeskuksen toimintaan. Se muutti nopeasti kodin elämää. Se toi etukäteen uskomattoman helpotuksen lähes kaikkiin naisten töihin. Nykyaikana on lähes mahdotonta kuvitella, mitä kaikkea sähkö sai aikaan sähköttömässä maailmassa. Lyhyesti lueteltuna on helppo todeta ainakin seuraavat: valo, vesi, lämmitys, pyykki, säilöntä.

Sähköjohtojen tulo tolppien avulla rakennusten seiniin ja edelleen sisätilojen pistokkeisiin toi todellista valoa elämään. Kynttilät, myrskylyhdyt, karbidilamput ja muut valaisuvälineet kävivät tarpeettomiksi. Sähkö mahdollisti vesijohtojen vetämisen kaivosta ihmisten ja eläinten tiloihin. Vallankin karjan vedenkäyttö oli varsin runsasta. Mikä helpotus vesijohdoista saatiinkaan. Uskomaton vaikutus niillä oli myös lämmitykseen. Ennen joka huoneen uuni oli lämmitettävä puilla erikseen. Sähkön jälkeen riitti keskuslämmitysuunin lämmittäminen aluksi puilla ja myöhemmin muilla aineilla. Työn väheneminen oli hämmästyttävä. Se koski myös polttopuun hankintaa metsästä sekä sen monenlaista käsittelyä. Työn helpotusta on vaikea kuvitella.

Vähäisempiä asioita olivat pyykki ja muu puhtaanapito sekä ruokatalouteen liittyvä säilyttäminen. Sisällä oleva wc tuntui jo luksukselta. Osa ruokavarastoa kätkeytyi aikoinaan lattiassa olevan luukun alle. Se johti suljettuun vähän viileämpään tilaan. Kellarikerros maanpinnan alapuolelle oli parannettu painos lattian alla olevasta säilöstä. Maakellarit sijaitsivat pihan puolella. Ne kätkivät sisäänsä monenlaista syksyn satoa. Oli puutarhatuotteita ja perunoita. Oli myös metsän tuotteita usein hilloina säilöttynä. Säilöntäkeinoina olivat lisäksi suolaus erityisesti lihatiinuissa ja kuivatus sekä maitotuotteille käytetty hapatus. Sokeriakin käytettiin säilömisiin.

Sähköjohtojen tavoin oli myös puhelinlangat vedettävä keskuksesta kuhunkin taloon erikseen. Vasta yhteydet keskuksesta ja seinään kiinnitettävät koneet mahdollistivat niin soittajien kuin "sentraalisantrojenkin" tehokkaan toiminnan viestinvälityksessä. Ennen sitä tarvittiin kirje tai tapaaminen saman asian hoitamiseksi.

Tuo näkymätön sähköksi kutsuttu voima tai aine esiintyy monimuotoisena. Sitä voidaan käyttää varsin monipuolisesti. Sen avulla saadaan aikaan lukemattomia toimintoja. Paristoihin ja akkuihin sitä voidaan varastoida. Voimakkaampana sitä siirretään tuhansia kilometrejä. Sähköpostilla se ei kuitenkaan vielä kulje. Maatilalla sähkö sai todella aikaan ihmeellisiä muutoksia. Se oli jotain uskomatonta. Olin itsekin rippikouluikäinen, kun ensimmäinen lamppu syttyi kotitalooni. Muistan, kuinka yritin saada aikaan asuin- ja vinttikerroksen väliseen porraskäytävään sekä alhaalta että ylhäältä toimivan katkaisujärjestelmän. Taskulampun osien avulla se lopulta onnistui.

Valaistus oli merkittävä asia kaikissa talouskeskuksen rakennuksissa sekä piha-alueenkin valaisemisessa. Katkaisija toi yhtäkkiä valoa pirttiin ja muihin rakennuksiin. Ulkovalaistuskin tuli mahdolliseksi. Öljylamput vaihdettiin paremmin valaiseviin ja huolto väheni. Valo tuli katkaisijan käännöllä. Sähköttömän ajan aamu alkoi taskulampun valossa kulkien öljylampun sytytykseen ja välittömästi tulen tekemiseen hellaan. Emäntä jatkoi rännin padan alle tulta sytyttämään. Hän kuuli lehmien aamutervehdyksen. Hevonen hirnahti isännälle aamuapetta odottaen. Myrskylyhty oli liikuttaessa tärkeä valontuoja. Paluumatka koukkautui usein liiterin kautta puusylystä noutamaan. Tuvan uunikin piti sytyttää talven yöpakkasen saatettua asuintiloihin viileän tuntua.

Ulkoisen aamukierroksen jälkeen kyökin hella oli lämmennyt. Aamukahvin hörppäys toi pirteän ruiskeen jatkotöihin. Ometassa oli apetta ja lypsyä odottavia lehmiä. Emännällä ja karjapiialla riitti työtä. Isäntä ja renki hoitivat tallin. Talli- ja navetta-askareiden jälkeen seurasi vähän tukevampi aamiainen. Aamuhämärän hiipuessa seurasi vielä ehkä aamun raskain työ. Vesivarastot oli hoidettava kuntoon. Ämpäri täytettiin pitkävartisen kaivokoukun avulla. Nostettiin ja kannettiin parittain käsissä, ehkä joskus ämmänlänkien avulla, niin keittiöön ja karjarakennuksiinkin. Kaikki eläimet tarvitsivat juotavaa. Talvisin se oli lämmitettävä ennen käyttöä ränninpadassa. Karja tarvitsi heinien ohella kuuman veden avulla silppurien pienentämistä oljista haudutettua suppua ravinnokseen. Possujen ruokaa saatettiin lämmittää kyökin hellalla. Kanala ja lampolakin vaativat oman matkansa öljylampun valossa. Karbidilamppuen tyhjennys ja täyttö olivat ulkotyötä käytetyn aineen hajuhaittojen takia.

Kuva 40. Pirtin katosta riippuva öljylamppu ja ämmänlänget kantovälineinä saivat siirtyä eläkeaikaan. Elinkaaret päättyivät museoihin Kuva: H.K.Lähde.

Kuva 41.Pihan perällä oleva huusi pääsi aikanaan vesitettynä sisätiloihin. Kuva:H.K.Lähde.

Sähkövalo toi suurimman yleishyödyn.

Talouskeskuksen kotieläinrakennuksissa sähkön tuoma apu rajoittui lähinnä valaistukseen. Jyväaitta ei sitäkään tarvinnut eivätkä liha-, kalatai maitoaitat ja vaateaitat. Sähkölamppu pihatolpassa tai rakennuksen yläkulmassa riitti pihaliikenteen valaistukseksi. Saunaan sähkö toi aluksi vain valaistuksen. Vesi lämpeni kiukaan yhteydessä. Vesijohdot olisivat saattaneet jäätyä, koska saunaa lämmitettiin yleensä vain lauantaisin. Talven pyykkiä pestiin lämpimässä saunassa vähän. Pyykki käytiin viruttelemassa yleensä järven avannossa.

Aittavajaan sähkö toi aluksi kotitarvemyllyn. Käsinkivien käyttö rajoittui oikeastaan vain rukiin uutispuurojauhon jauhamiseen. Puimala sai pian sähkömoottorin puimakoneen maamoottorin tilalle.

Lampolassa ja sikalassa riitti sähkövalaistuksen saanti. Samoin oikeastaan hevosten tallin pilttuissa. Navetta ja karjakeittiö eli ränni hyötyivät enemmän sähköstä. Tosin lehmien vedentarve oli jo aikaisemmin tyydytetty lihasvoiman avulla. Iltaisin kului vajaa tunti, kun karjakeittiössä olevalla käsipumpulla pumpattiin navetan vintillä pakkassuojattu vesisäiliö täyteen seuraavaa vuorokautta varten. Säiliöstä vesi ohjautui painovoiman avulla putkistoja myöten eläinten välissä olevaan pikku säiliöön, josta eläin saattoi juoda automaattisuljinta samalla painaen. Tuo pumppu muutettiin sähköllä toimivaksi. Mikä suurenmoinen ihmistyön muutos, eikö totta.

Kuva 42. Vasemmalla vanha mylläri käsinkivien kimpussa. Oikealla olevassa kuvassa separaattori. Keskipakoisvoimalla kerman maidosta erottavan laitteen kehitti valmiiksi vuonna 1878 Gustav de Laval Ruotsista. Ensimmäinen suomalainen separaattoritoimintaa käyttävä meijeri perustettiin maassamme seuraavana vuonna.[40] Kuvat: H.K.Lähde.

Kuva 43. Kumpikin kuvien pyykinpesutapa muuttui sähkön ansiosta. Näiden koneiden pesutulos oli huuhdeltava talvella avannossa ja kesällä järvivedessä tai metsäpuron solisevasti virtaavassa vedessä. Kuvat: H.K.Lähde.

---

[40] SARKA-museo.Loimaa.

Ennen vanhaan päreitä kattoon ja seiniinkin

Kuva 44. Lihasvoimalla käyvä pärehöylä löytyy edelleen ainakin Nastolan Kaivolasta hirsirakennuksen päästä toimintakunnossa. Kiteellä sitä sanottiin "hyökkäyshöyläksi"[41]. Alakuvassa pystytasossa maamoottorin pyörittämä pärehöylä Hollolassa. Kuva: H.K.Lähde.

---

[41] Vuolle-Apiala. 2001. s. 61.

Kattoja on tehty kautta aikojen luonnontuotteista. Se vaati ajattelua jo ainesten hankinnassa ja tietysti erinomaisia taitoja tekijöiltä. Luonnonmateriaalit olivat myös kestäviä. Paanukatot ovat tervattuina kestäneet vuosisatoja. Turvekattoja löytyy vielä ainakin Turun Luostarinmäeltä. Olkikattoja tehtiin pitkistä oljista ennen puimakoneiden tuloa vielä minunkin lapsuudessani joihinkin ulkorakennuksiin. Pärekatto oli tuolloin yleisin kattamistapa. Päreillä suojattiin myös rakennusten hirsiseiniä.

Pärehöylä veisti päreitä sopivan mittaisista pölkyistä. Päreiden myötäsukainen pää kastettiin heti savivelliin tai punamultaliemeen seuraavan työvaiheen helpottamiseksi. Höyläys tapahtui hiukan puun syysuunnasta poiketen veden juoksun helpottamiseksi katolla. Päreet aseteltiin katolla limittäin lievästi päällekkäin. Riialaudan avulla terä tuli lappeen mukaan suoraksi. Terän naulaosuuden nopein hihkaisi usein, että eiköhän riiata väliin. Ja niinpä asia toteutui riialautaa nostamalla uuteen asentoon. Pärekatosta tuli noin kolminkertainen.

Kuva 45. Runsaslapsisen perheen mäkitupa on jäänyt aikoja sitten asumattomaksi ja ränsistynyt. Pärekatto on pettänyt, mutta päreillä suojattu seinä on kestänyt paremmin. Kuva: H.K.Lähde.

Laiduntamisaika alkoi aitatarkistuksilla

Hevosia isommissa taloissa oli yleensä kaksi tai kolme. Pikkutiloillakin oli oma hevonen ainoana vetovoimana ja kulkuvälineenä. Pelto- ja metsätöissä sekä kuljetuksissa se oli suorastaan välttämätön 1960-luvulle saakka. Moneen kylään ei ollut hevosaikaan edes aurattua tieyhteyttä. Lypsäviä lehmiä pidettiin taloissa 1940-50--luvulla yleensä 6-10 lehmää. Lisäksi oli nuorikarja. Myös monissa torpissa oli omaan tarpeeseen lehmiä, sikoja ja muutama kana. Karjatalous oli tavallaan kaksikotista. Talvella eläimiä hoidettiin omissa sisätiloissaan. Keväällä ne pääsivät ulkolaitumille syksyyn asti. Kevään tärkein tehtävä oli kaikkien aitojen kunnon tarkistaminen. Niitä saattoi olla jopa muutama kilometri. Aidat hoiti tarvitsija itse. Aitaustavoissa tapahtui 1800-luvun lopulla muutos lainsäätäjän osoitettua omistajan sulkemaan eläimensä aitauksen sisäpuolelle.

Kuva 46. Riukuaita oli vielä sotien jälkeen yleisin aitalaji. Kuva:H.K.Lähde.

1950-luvulla uusien riukuaitojen teko loppui ja alettiin rakentaa rajaaitoja piikkilangoista. Laidunnettavilla peltolohkoilla puolestaan tulivat käyttöön sähköpaimenet, jolloin aidaksi riitti yksi sileä lanka, johon johdettiin releellä katkottua suhteellisen voimakasta tasavirtaa.

Maatilan tilustieverkostoon kuului aitauksin vuoksi useita avattavia portteja.

119

Patsas suomenhevosen kunnioittamiseksi

Liinaharjainen suomenhevonen muistuu mieleen kesän peltotöistä ja talvisista rahdinajoista. Talven rekiretket lähinnä joulukirkkoon silakellon soitellessa eivät hevin pikkupojan mielestä unohdu. Talven jäärata-ajot hevoskilpailuina olivat kiinnostavia. Tosi ihmeelliseltä tuntui, että hevosen avulla voitiin kuljettaa isoja tukki- tai massalauttoja pitkin järveä. Kantakirjakin on jäänyt mieleen hevosen erilaisista vetokokeista. Ratsastaminen ei aina oikein onnistunut nuorena hevosta metsästä hakiessani. Luokkien painaminen hirsiaitan nurkkaseinällä sekä erilaiset valjastamiset olivat mielenkiintoista puuhaa. Länkien kiristäminen vaati voimaa.

Hevonen oli maataloustehtävien ohella viime sodissamme lähes korvaamaton muonan ja tykkien sekä muiden tavaroiden kuin myös haavoittuneiden ja menehtyneidenkin ihmisten kuljettaja. Se oli samalla melkeinpä ainoa voimakone. Hevosta haluttiin jalostaa. Senaatti oli jo vuonna 1869 määrännyt "ruununorijärjestelmän" kehittämään hevosrotuamme. Sitä jatkoi vuonna 1907 alkanut kantakirjajärjestelmä.

Kuva 47. Seinäjoen suomenhevonen on patsaassaan luonnollista kokoa. Jalustan sivuilla kuvataan hevosen tehtäviä maataloudessa sekä sotarintamalla. Hevosia oli rintamalla talvisodassa yli 60 000 ja jatkosodassa alle 50 000. Rintamalta palaamatta jäi noin 20 000 hevosta. Palanneet ravasivat innoissaan kotitallin ovelle. Suomenhevosen patsas paljastettiin 3.8.1997 juhlavasti. Kuva: H.K.Lähde.

120

Yksihevosvoimaista vetovoimaa tarvittiin noin vuosikymmenen verran vielä sotiemme jälkeenkin. Suomenhevosten määrä nousikin vuodeksi 1950 huippulukemiinsa. Rotua oli kaikkiaan lähes 409 000[42]. Traktorien yleistyminen ja metsätalouden koneellistuminen hevosvoimien kustannuksella vaikuttivat nopeasti hevosrotuun. Hevosrotu ei kuitenkaan hävinnyt kokonaan. Vuonna 1987 tilastot osoittivat lukumääräksi 14 100 hevosta.

Hevosen toiminta taakan kantajana on aikojen myötä muuttunut. Purilaiden rinnalle kehittyi laaja rekivalikoima. Kirkkoreki oli ihmisten kulkuväline kirkkoon ja juhlatapahtumiin. Tavaraa kuljettamaan kehitettiin erilaisia rekiä ja myös rattaita. Santa-ja sontareet sisälsivät tietynlaisen kipin. Vähän painopisteen takana oleva pankko mahdollisti lastin kippauksen etuosaa lihasvoimalla nostamalla kuin laahaperäisenä rekenä toimivaksi. Kaksiosaisissa tukkireissä etureki oli jo pyöriväpankkoinen.

Kuva 48. Vasemmalla juuri tervatut parireet odottavat talvista käyttöä. Etureki edessä ja takareki takana. Aisat kytkettiin etureessä olevaan lukitsevaan saverikkokoukkuun. Rekien välissä ristiketjut etureen kulmasta takareen vastakkaiseen kulmaan ohjasivat rekiä samalle uralle. Reslat päälle ja kuormaus saattoi alkaa. Oikealla kirkkoreki korkeine etuosineen, jotta tilsat[43] eivät juostessa sinkoile ihmisten kasvoille Kuva: H.K.Lähde ja oikea albumistani. Kuvaaja tuntematon.

Tukkirekiä muotoiltiin kuljetettavan puutavaran laadun mukaan. Näiden metsätyörekien lisäksi oli monenlaisia kuljetusvaihtoehtoja erilaisten kuljetustarpeiden hoitamiseksi. Erikoinen rekimuoto oli jääreki. Se tuli voida asettaa irti sahatun jäälohkareen alle veteen. Hevonen veti taakan jään pinnalle ja edelleen lähellä omettaa olevaan jääkatokseen kesää varten säilöttäväksi. Kesän rattaiden valikoima oli talvista kuljetuskalustoa laajempi.

---

[42] Heikkonen 1989. s.24
[43] Tilsa on hevosen kavioon muodostunut lumipaakku.

Karjatalous kohti nousua ja keskittymistä

Lehmien tuotannon uusi tuleminen alkoi oikeastaan pian 1860-luvun nälkävuosien jälkeen. Kolmiyhteys "karjaa lannantarpeen mukaan niitylle, joka ravitsee lantamäärän tuottavan karjan" alkoi hävitä. Vuosisadan loppu oli muutosta aiheuttavan kehityksen aikaa. Tuotantotavat koneellistuivat keksintöjen johdosta aikanaan omavaraistaloudessakin. Maitotalouspohjainen vointuotanto muodostui viljatuotantoa kannattavammaksi. Yleistä muutos ei ollut. Karjarehun tuotanto kehittyi. Työläs viljelysmaan raivaaminen jatkui. Pientiloja suosittiin vielä 1950-luvulla.

Eurooppa ja samalla maa-alueemmekin varautui tulevaan rakennemuutokseen jo 1800-luvulla syntyneiden keksintöjen ja koulutuksen myötä. Voita vietiin ulkomaille jo 1860-luvulla. Se oli maallemme merkittävä asia. Tosin vuosikymmenen lopun nälkävuosien koettelemus vähensi väestöä. Katoaika vaikeutti elämää pitkäksi aikaa. Se antoi ilmeisesti myös lisää puhtia tulevaisuuden rakentamiseen. Tekninen kehitys ja muutokset maailmalla heijastuivat maamme toimintaan. Vuosisadan lopulla oli maassamme meijereitäkin jo yli 800. Se oli viesti kohti koneellista ja teollista toimintaa. Parin vuosisadan takainen vajaa 500 litran vuosituotantoennätys oli jo vuosituhannen lopulla noussut lähes 18 000 kiloon. Orastava erikoistuminen johti kohti supertuotannon tavoitteita.

Viime vuosisadan alkuaikoina karja oli jo luontinavetoissa. Ometoiksikin niitä kutsuttiin. Niistä lanta luotiin lantaloihin päivittäin. Lehmät olivat kytkettyinä keskellä olevan ruokintapöydän molemmin puolin päät sitä kohti. Eläinten välissä sijaitsivat juomakupit. Vesi tuli juodessa ylhäällä olevasta isosta säiliöstä putkia myöden säädintä painettaessa. Ruokapöydän ja karjan välissä oli säleikkö, jonka liikkuva osa avasi pään siirtymiselle aukon heinänsyöntiin. Heinä voitiin pudottaa navetan parven säilytyksestä ruokapöydälle lehmille levitettäväksi. Kaukaloihin voitiin antaa jauho- ynnä muita annoksia. Talviruokinta oli työlästä. Lehmiä tuli ruokkia päivän mittaan noin viisi kertaa. Veden kuumentaminen ja ruokintahauteen valmistaminen vei oman aikansa. Niin myös jauhojen haku ja heinän pudottaminen. Vesisäiliön pumppaaminen ennen sähkön tuloa kesti hyvin puolisen tuntia käsitoimisen nostovesipumpun avulla. Työt oli aloitettava jo neljän aikoihin aamulla. Miesväki huolehti hevosista.

Entisajan perinteisen karjatalouden aika jatkui vielä noin 1960-luvulle asti. Nautakarja laskettiin laitumilleen keväällä. Riehakas kirmaaminen tuotti iloa ihmisillekin. Ruokkiminen ja muu huolehtiminen jäivät vähäiseksi. Karjan seuraamiseksi joku lehmä sai kellon kilkattamaan kaulaansa. Nuorta karjaa käytiin katsomassa silloin tällöin. Pienkarja oli omassa vasikkatarhassaan. Sitä piti ruokkia päivittäin. Lypsylehmiä tavattiin illoin aamuin.

Lypsy tapahtui yleensä karjapihassa. Lehmät haettiin sinne lähilaitumelta. Aamulypsyn jälkeen lehmät pääsivät takaisin laitumilleen. Yön ne viettivät alueella, jolle oli hakattu hakoja alustoiksi ja kuivikkeiksi. Vielä viime vuosisadan puolivälissä maito saatiin utareista ämpäriin tai kiuluun lypsämällä käsin joko veto- tai puristustyylillä. Ämpäri sekä utarepyyhe ja hyvä palli mukana asteli emäntä kesäisin karjapihaan aamuisin ja iltaisin. Usein tarvittiin avuksi lapsia koivunoksan kanssa huiskimaan pois kärpäsiä lehmää kiusaamasta. Ämpäri täyttyi ja siirtyi jatkokäsittelyyn. Maito oli siivilöitävä.

Maito lypsettiin käsin kahdesti päivässä ja se "separoitiin" välittömästi kerman erottamiseksi maidosta. Ennen separaattorien tuloa kermaa kuorittiin mekaanisesti, kun se kohosi maidon pintaan. Kermasta kirnuttiin voi aluksi puisella mäntäkirnulla ja sittemmin käsin veivattavalla pyörivällä kirnulla. Voi myytiin yleensä tutuille asiakkaille kaupunkireissun yhteydessä. Kuorittu maito eli "joppi" käytettiin monipuolisesti pääasiassa eläinkunnan ravinnoksi. Kirnupiimä oli ruokapöydän juomaa. Osa täysmaidosta meni kulutukseen "tinkiläisille". He olivat lehmättömien mäkitupien asukkaita. Kesäisin myös huviloille haettiin maitoa. Maito on kuulunut eittämättä monipuolinen energia-antista ansiosta hyvinvoinnin peruspilareihin.

Hakotarha oli lypsypaikan yhteydessä. Siitä saatiin hakoja pehmikkeiksi ja lannan lisäämiseksi. Lannanajo suoritettiin peltopattereihin sisäistä "palamista" varten jo kevättalven viime keleillä.

Vuodenkierrossa karjanhoito jakautui kahteen, toisistaan selvästi erottuvaan jaksoon. Oli talven sisäruokintakausi ja keväästä syksyyn kestänyt laidunkausi.

Maito jäähdytettiin kotijärven jäillä

Olipa meitä joukkoa järven jäällä. Paikka oli valittu perinteisesti läheltä järven rantaa ja selvästi sivussa järven poikki kulkevasta halkojen ja tukkien kuljetusväylästä. Paikalla oli aikuisia miehiä hevosen kanssa. Liuta lapsia oli ihmettelemässä tapahtumaa. Pieni avanto oli jo saatu aikaan. Siitä se alkoi. Yhden hengen justeeria muistuttava mutta isohampaisempi jääsaha pantiin avantoon. Isännän ote sahan yläpään poikkipuusta ja alas-ylös-liike sai aikaan vähän rahisevan äänen vajaan puolen metrin paksuisessa järven jääkannessa. Joku lapsista katsoi ihmeissään. Tumma pohja näkyi kirkkaan veden alla. Joku lapsista arveli alapään sahaajana olevan näkän. Jäiden otto tapahtui aikaan, jolloin ei talossa ja kylässä vielä sähköä ollut. Maito oli jäähdytettävä kesähelteellä tarpeeksi nopeasti. Sitä varten otettiin varastoon hyvää jäätä keskitalven aikaan.

Kuva 49. Heikille jäiden otto ja varastointi olivat vuosikymmenien varrella tulleet tutuiksi lapsuudesta lähtien. Kuva omasta albumistani.

Isäni sahasi jäästä vajaan metrin levyisiä ja runsaan metrin mittaisia muhkeita jääpaloja. Ne nostettiin hevosen vetämällä sopivasti muotoilulla reslamuunnoksella ylös ja kuljetettiin navetan lähellä puiden varjossa olevaan jääkatokseen. Kappaleet eristettiin toisistaan ja peiteltiin paksulla sahanpurukerroksella. Välittömästi, kun tarpeellinen jäämäärä oli saatu nostettua, avoin vesialue ympäröitiin näkyvillä merkeillä, kuusenhavuilla ja aitauksella turvallisuuden vuoksi. Muutaman pakkaspäivän jälkeen avannossa oli uusi kestävä jääpinta.

Jäitä käytettiin maidon jäähdyttämiseen heti lypsämisen jälkeen. Aamuin illoin jääkatoksesta haettiin kopalla sopiva määrä jääpalasia karjakeittiön yhteydessä olevaan maitohuoneen altaaseen. Siellä pidettiin maitotonkia. Allas toimi kylmähuoneena. Sähkön tulo toi toisenlaista jäähdytystä. Se toi valoa sisätiloihin. Saatiin liikuteltava lypsykone käsinlypsyä korvaamaan. Lypsykone arkistoi lypsinpallit. Jäähdytyskoneisto teki tarpeettomiksi talviset jääkimpaleiden nostot ja varastoimiset varjoisien jääkatoksien puruihin. Tilatankkijärjestelmä poisti myös ennen vanhan aikaisen erillisen navetta-ajan käytön.

Kuva 50. Lehmänkello vasemmalla ylhäällä jouti pois käytöstä laitumien myötä. Niin kävi lopulta myös maitotonkille ja maitokärryille sekä monitoimisille maitolavoille. Maitoauto nouti maidot ja palautti jopin ja mahdollisesti voitilaukset meijeriltä. Lopulta tilatankkijärjestelmä toi edelleen uuden maailman maidonkäsittelyyn. Ihmisten aamuinen ajankäyttö muuttui. Maanmittarinkin tuli huomioida työssään navetta-ajan poistuminen käytöstä. Kuvat: H.K.Lähde.

125

Maitoa kirnuttiin ja separoitiin ja vietiin meijeriin

Separaattori oli sähköttömän karjanhoidon aikaan merkittävä maidon-käsittelykone. Erinomainen kasvinjalostuskoneemme lehmä muuntaa ruohoa maidoksi. Sitä ihminen käyttää ja jalostaa siitä edelleen piimää, viiliä, voita sekä monipuolisen valikoiman juustoa. Elämänsä lopulla eläin luovuttaa ravinnoksemme myös lihaa.

Separaattori jatkoi jalostusta. Sillä saatiin erotettua maidosta kerma ja joppi. Kirnuamalla tehtiin voita ja piimää. Maidosta valmistettiin lisäksi monenlaista juustoa. Vasikan syntymän jälkeen saatiin erityisterveellistä ternimaitoa. Tinkimaidon hakijatkin odottivat hinkkaansa iltamaitoa. Joskus kesäisin kaupunkilaiset kävivät mielellään maistamassa lämmintä, juuri lypsettyä maitoa. Sekin oli elämys vielä runsas puoli vuosisataa sitten.

Kuva 51. Kuvassa oikealla veivillä väännettävä separaattori. Keskellä puukirnu. Muistan, miten ne vaativat nuorukaisen käsivoimia äidin avustamisessa. Taaempana laatikon vaakakiekkoinen laitteisto kuului tarkastuskarjakon välineisiin. Maidon laadunseuranta rasvaprosentteineen oli tärkeää. Kyllä prosentin ainakin neljä piti olla. Kuva. H.K.Lähde Vantaan maatalousmuseosta syksyisenä "Sadonkorjuupäivänä."

126

Sikala, lampola ja kanala luomun tuottajia

Sikoja oli tavallisessa talonpoikaistalossa vielä viimevuosisadan puolivälissä lukumäärällisesti varsin vähän oikeastaan vain omaa tarvetta varten. Elettiinhän edelleen omavaraistalouden aikaa. Pari kolme riitti hyvin. Sikojen oma tila oli usein sijoitettuna navetan yhteyteen sisäänkäynnin sinne tapahtuessa karjakeittiöstä. Syksyllä pari sikaa teurastettiin, ja talviporsaista kasvoi uusia sikoja seuraavaksi vuodeksi. Pientilallisetkin pitivät monesti sikaa omaa tarvetta varten.

Sioista saatiin lihan ohella teurastuksen yhteydessä makkara-aineksia. Ennen vanhaan saatiin myös harjaksia suutarien käyttöön.

Kuva 52. Kesäisin siat pääsivät sisätiloista omiin sikotarhoihinsa maata tonkimaan. Kuva: H.K.Lähde.

Lampaat olivat kesällä omilla laitumillaan. Talveksi ne siirrettiin sisäruokintaan. Muutamalle saattoi olla tilaa nautojen navetan yhteydessä omissa karsinoissaan. Joskus lampaille oli oma lampolaksi kutsuttu tilansa. Niiden erikoisruokaa olivat kesällä tehdyt kerput. Kerppuja saatettiin tehdä haavan ohella muistakin lehtipuista. Ne varastoitiin kuivattuina talvisaikaan häkeistä lampaiden syötäviksi.

Lampaat tuottivat villaa, josta kudottiin villapaitojen lisäksi lämpimiä sukkia ja lapasia. Lammas kerittiin useimmiten kolme kertaa vuodessa. Eläimestä saatiin myös lihaa, nahkaa ja maitoakin.

Lampaiden ohella kasvatettiin paikoitellen myös vuohia.

Kuva 53. Lampaasta kerittiin villa pari kertaa vuodessa. Puhdetöinä se kehrättiin langoiksi ja kudottiin monenlaisia lämpimiä tuotteita käsineistä villapuseroihin. Kuva: H.K.Lähde

Yleisin siipikarjalaji oli ymmärrettävästi kana. Kanoja pidettiin munien saantia varten. Niin se on edelleen munituskanaloiksi muuntuneissa toimitiloissa. Muna kehittyy munittavaksi noin vuorokauden aikana. Kukko tarvittiin noin kymmentä kanaa kohti. Vain munia tuottavissa munituskanaloissa ei kukkoja tarvita. Kanatalous on jo viime vuosisadan puolivälin aikaan alkanut erikoistua. Kanarotuja oli useita. Maatiloilla oli joskus kanojen ohella myös kalkkunoita.

Kuva 54. Kukko toimi aikoinaan kiekumisellaan ajan viestittäjäkin. Kuva: H.K.Lähde.

Alle kahden viikon ikäiset kananpojat eli untuvikot hankitaan niiden kasvattamiseen erikoistuneista kanaloista. Kananmunia on haudottava kolme viikkoa, ennen kuin untuvikko pääsee kuoriutumisen jälkeen ihailemaan maailman menoa.

Kanaloita on kehittynyt myös broilerituotantoa varten. Tämän "rodun" elinikä on noin puolitoista kuukautta.

Ennen vanhaan maatilan kanoilla oli oma rakennus. Sen ulkopuolella oli kanatarha kesäistä ulkona liikkumista varten. Munimista varten tarpeelliset pesärakennelmat olivat kanalan sisällä kuin rivitaloina.

129

Peltotöiden laitteita ennenvanhaan

Siemenessä oli ja on edelleen luojan luoma kasvun alku. Ennen sen saattamista maan muheaan multaan on suoritettava maan muokkaus. Kyntöjä on tehty pääasiassa syksyisin. Äkeillä tehtävä mullan kuohkeutus tapahtui keväällä lannanajotalkoiden jälkeen ja lannan tultua levitetyksi lantapattereista koko tarvittavalle alueelle. Äkeetkin olivat ennen vanhaan kotitekoisia ja puusta valmistettuja. Ne eivät traktorikäsittelyyn sopineet. Monia hevosvetoisia laitteita oli raudoitettava. Kyntö oli sitä raskaampaa, mitä syvemmältä kynnös käännettiin. Kyntöön käytettiin usein kahta hevosta. Kakkulat olivat tärkeät ja harvemmin käytetyt välineet.

Kuva 55. Kakkulat ovat joustavaliikkeisen koukun omaavalla väliniskalla toisiinsa kytketyt aisat. Kynnettäessä hevoset toimivat vetävinä voimakoneina. Aisat korvattiin kettingeillä. Auran säädettävä veto-osa näkyy kuvan alareunassa. Siihen on liitetty kakkuloiden koukku. Väliniskan päihin on liitetty kummankin hevosen kakkulavaljaisiin johtavat aisakettingit. Hevosten vetojen tuli olla tasavoimaisia. Kyntäjä ohjasi kyntövaossa kulkien auran suuntaa ja syvyttä. Ohjakset hevosten ulkopuolisiin suupieliin kulkivat kyntäjän niskan takaa ja toisen käden kainalon alitse. Kuva: Vantaan sadonkorjuupäiviltä 2016 kuvasta. Alla vanha puujyrä. Kuvat: H.K.Lähde.

Heinää karjalle sirpillä ja viikatteella

Luonnon kasvattamien heinäkasvien käyttö karjan rehuksi on peräisin jo kaukaisista ajoista. Ennen isojakoja niityt olivat pääasiassa yhteiskäytössä. 1800-luvulla käytettiin ja korjattiin luonnonheinää. Timotein tulo noin sata vuotta sitten siirsi heinän viljelykasvien joukkoon. Kehittyvä karjatalous edellytti sitä. Siihen liittyi aikanaan myös monilajinen apila.

Heinä oli karjanpidon peruspilari nuoruudessanikin. Sirppi oli tärkeä väline. Pikkuvasikoille, niille ei vielä karjassa oleville, haettiin kotipellon kulmasta apilaa tai muuta heinää päivittäin. Karjasta huolehtiva emäntä kietaisi yksikorvaisen päreistä tehdyn selkäkopan olkansa yli kädellään kiinni pitäen selkäänsä. Kiiruhti pellon portille. Otti sirpin aidan seipäästä ja niin kahmaisi sirpillä katkaistun heinätupon käteensä ja laittoi viereellään olevaan koppaan. Matkasi takaisin navettaan. Sai äännähtävät kiitokset maukasta rehua saaneilta kotieläimiltä.

Kuivaheinää pientareilta ja epätasaisilta niityiltä korjattiin vähän suuremmalla välineellä. Väärävartinen viikate oli siihen sopiva. Se katkaisi luonnonheinää mennen tullen tehdessään tahdikasta liikettä. Heinätuppo heilahti molemmin puolin. Muistan, miten iloista sellaisella oli niitellä. Viikatteen varsikin oli siloisen tasainen ja niittäjän ote irtonainen. Silloin tällöin sipaistiin kouraan rasvaa varren päässä olevasta lovesta. Viikatteen piti pyörähtää sulavasti ja vesikelloisen rakon muodostumista kumpaankaan kouraan vältellen. Heinätupot sinkoilivat laajalle ympäristöön. Suoravartisia käytettiin yleensä viljan leikkaamiseen. Väärävartiset olivat enemmän pientareiden ja epätasaisen alueen heinänkorjuuseen sopivia.

Korjuukuukausikin sai nimensä heinästä. Viljeltävän heinän korjuussa oikovartinen viikate korvautui niittokoneilla vuosia sitten[44].

---

[44] Lähde 2014.Lisää heinänteosta.

Hermannista heinään ennen vanhaan

Kasvilajien elinkaaret ovat eritahtisia. Osa viljoista ja rehukasveista on monivuotisia. Osa kylvetään syksyllä ja osa keväällä. Jotakin korjataan jo ennen juhannusta. Jokin lajike saa olla maassa melkeinpä routaan asti. Heinä korjataan ennen tuleentumista ja vilja sen jälkeen. Se pätee nyky-äänkin. Kattavaa kuvausta en erilaisista satokausista yritäkään koostaa. Tyydyn muutaman lajikkeen työmuotojen muistelemiseen.

Korjuutapahtumat ovat saaneet enemmän paikallista ohjausta entis-ajan allakoiden sijaan. Säntillisyys ei enää kaikkeen luonnon hokemaan päde. Hermanni ei enää kehota heinänkorjuuseen. Sadonkorjuun aloittaa kuivaheinää aikaisemmin ensimmäisen rehusadon taltiointi. Sitä seuraa-vat kuivaheinän korjuu ja viljasadon korjaaminen sekä toisen säilörehun sadon ja juurikasten korjuu ja varastointi. Säidenkin säätely on muuttu-nut. Heinän korjuu on irtaantunut säistä. Kuivaheinä tietysti vaatii pouta-päiviä. Tuorerehun korjuu ja säilöntä sopivat lähes kaikissa säissä.

Heinä ja viljalajit ovat ilman koneellista voimaa tarvinneet huomatta-vasti toisistaan poikkeavia korjuuaikoja ja korjuutapoja. Heinärehun suh-teen toimintaa muutti siirtyminen luonnonheinästä viljellyn heinän hyö-dyntämiseen. Tuorerehun taltiointi aikaansai jo viime vuosisadan puoli-välistä alkaen kasvavan muutoksen heinärehun käyttöön ja samalla myös korjuutapoihin.

Kuva 56. Vasemmalla sirppimuotoja. Oikealla länget ja väärävartinen viikate. Oikovartisessa varsi oli suora ja kahvalla varustettu. Terä oli vähän pitempi ja hiukan erilainen. Se auttoi katkaistun viljan käsittelyä. Kuvat: H.K.Lähde.

132

Sirppi oli yhden käden korjuuväline. Toinen käsi kokosi katkaistun viljan kourauksittain. Sirppiä käytettiin pääasiassa viljan katkaisuihin. Vähän lyhyempiteräinen kamppi sopi lähinnä puuvesojen katkaisuun vetämällä. Kuvan keskellä oleva väärävartinen viikate soveltui hyvin luonnonheinän katkaisemiseen epätasaisessa maastossa. Tällä viikatemallilla katkaistiin heinää molempiin suuntiin tapahtuvilla lyönneillä. Liike hieraisi käsiä. Siksi viikatteessa oli rasvakuppi varren päässä käsien voitelua varten. Suoravartisella viikatteella katkaisu tapahtui vain terän suuntaisella vedolla. Katkaistu vilja koostui niitettäessä lakehiselle.

Näiden ihmisvoimaisten laitteiden tilalle tuli jo ennen sotia hevosvetoisia niittokoneita. Niittokoneella heinänkaato alkoi usein auringonnousun aikaan. Hevoset eivät helteellä jaksaneet kiskoa raskasta laitetta. Niin heinää kuin viljaakin kaadettaessa terä laskettiin kuljetusasennosta alas lähellä pellon pintaa toimivaksi. Terän edestakainen katkaiseva liike sai voimansa hevosen vetäessä pyörien liikkeen kautta aisojen alla olevan vaihteiston avulla. Siksi niittokone oli raskas vedettäväksi. Kahden hevosen mallissa oli yksi metallinen vetoaisa hevosten väliin valjastettuna.

Väärävartisella niittäen tai niittokoneella katkaistu heinä kuivattiin yleensä seiväskuivatuksena. Sen jälkeen heinä siirrettiin varastoituna useimmiten samalla peltoalueella olevaan hirsilatoon. Hirsien välissä oli rakoja ilmavuuden vuoksi. Säilymiseen käytettiin hiukan heinäsuolaakin. Kuivaheinän tarve ja määrä oli kaksinkertaistunut itsenäisyytemme ensi vuosipuoliskolla. Kolmen koneen, niittokoneen, pöyhintälaitteen ja paalaimen yhteistyö sai aikaan heinän pikku pakkauksia uudella tavoin varastoitaviksi. Se mullisti 1970-luvulla heinän kuivatusta ja kokoamista sekä kuljetusta ja varastointia. Käsikäyttöisiä paalaimia käytettiin jo sota-aikana kuljetuksen vuoksi.

Latojen lähtölaskenta alkoi viime vuosisadan jälkipuoliskolla. Suurimpina syinä olivat tuorerehun yleistyminen ja erilaisten paalauslaitteiden kehittyminen. Kuivaheinää paalattiin joskus suoraan pellolla kuivatusta tai myös seipäillä kuivatusta heinästä. Paalain alkoi ahmia vähitellen tehtäviä omakseen. Ihmistyön määrä väheni oleellisesti. Hevosen osuus väheni, ja niitä siirtyi harrastuksiin vetonauloiksi.

Kuva 57. Yllä yhden hevosen niittokone, käsikäyttöinen harava ja hevosvetoinen haravakone. Alaku-vassa heinänkorjuuta pienestä pitäen oppimalla. Kuvat: H.K.Lähde.

134

Kuivaheinää latoon, tuoretta torniin ja palloihin

Heinäseipäät ja niittäminen sekä viikatteilla että koneilla kuuluivat lihasvoiman aikaiseen heinänkorjuuseen. Kuivatuksen jälkeen heinä purettiin seipäistä kuljetusrattaille tai joskus puujalaksiseen heinähäkkirekeen. Puujalas luisti sänkipellolla paremmin. Traktorin perään kehitettiin aikanaan heinähännäksi kutsuttu kuljetuslaite. Heinä purettiin pitkäksi lakehiseksi pellolle seiväsrivin viereen. Traktoriin kytketty heinähäntä kokosi heinät peruuttaen alapiikit maata myöten ja yläpiikit yläasentoon lukkiutuneina. Kuorman ollessa täynnä nostolaite nosti heinähäntää maasta ja yläpiikit laskeutuivat samalla sitoen heinät piikkien välissä pysyviksi. Ladossa laskettiin nostolaite alas ja yläpiikit nousivat ylös. Heinäkasa jäi latoon traktorin lähtiessä eteenpäin uutta kuormaa hakemaan.

Kuva 58. Heinähäntäpiikit alhaalla ja nostolaiteliittimet taustalla. Kuva:H.K.Lähde.

Muutama vuosikymmen sitten heinäseipäät museoituivat. Heinänkorjuu on nykyaikaistunut silmiinpistävästi. Heinävarastoista viestivät suuret värikkäät tai valkoiset pallot pelloilla tai niiden pientareilla.

135

Niittokone korvasi sirpin ja viikatteet

Sirpin ja viikatteiden käyttö väheni nopeasti sotien jälkeen. Niitä käytettiin enää vain vasikoiden ja muiden ehkä sisätiloissa olevien eläinten tuoreravinnon hankkimiseen tilapäisesti. Sadonkorjuutapahtumia varten tulivat käyttöön niittokoneet ja haravakoneet jo vuosisadan puolivälissä tavallisillakin talonpoikaistiloilla. Mustialaan tuli ensimmäinen niittokone jo vuonna 1862. Vuosisadan lopulla laite levisi jo useammille tiloille.

Aluksi kone tyytyi katkaisemaan heinää ja viljaa. Pian hankittiin soveltuvia lisälaitteita. Kehitys sai aikaan uudenlaisia koneita. Askel kohti leikuupuimuria oli tapahtunut. Muunnosvaiheita oli useita. Koneet tehostivat toimintaa.

Niittokonekin oli viikatteeseen verrattuna varsin aikaansaava ja lihasvoimia säästävä. On laskettu, että niittokone vastasi kuuden niittomiehen työtulosta. Muutama vuosi koneiden jälkeen tuli käyttöön myös haravakone. Sen toimintaleveys oli lähes parin niittokoneen tuloksen suuruinen. Näin työläs käsin haravointi supistui vähäiseen vaikeiden paikkojen rippeiden ja ojanvarsien haravointiin. Niin ja tietysti luonnonheinien kokoamiseen.

Heinä kuivattiin ennen latoon tai ometan yhteydessä olevaan säilytykseen siirtämistä. Kuivatustapoja oli monia. Ne riippuivat suuresti säästä ja tietysti aikakaudesta. Haasiakuivatus edelsi kaksi- tai kolminappulaisilla seipäillä kuivattamista.

Viime vuosina erilaiset paalausmenetelmät ovat korvanneet seiväskuivatuksen ja latosäilönnän. Sodan aikana toimitettiin myös armeijan yksihevosvoimaiselle vetokalustolle kotirintamalla käsikäyttöisesti paalattua heinää. Tämä paalaus tarvittiin lähinnä kuljetusten vuoksi.

Tuorerehu toi uudet tavat korjuuseen ja käyttöön

Tuorerehun käytön teki mahdolliseksi Artturi Iivari Virtanen. Hänen johdollaan kehitettiin AIV-rehuksi kutsuttu liuoksen avulla toimiva säilöntämenetelmä. Työ ei poutaa kaivannut. Kosteus oli oikeastaan eduksi. Jo 1930-luvulla AIV-rehun säilöntämenetelmää ja AIV-voisuolaa kehittänyt Artturi Ilmari Virtanen palkittiin Nobelin kemianpalkinnolla vuonna 1945. Tuore rehu säilöttiin katkaistuna ja säilöntään kehitetyllä liuoksella sekoitettuna sopiviin torneihin painolastien alle. Vaatteina tuli olla muistaakseni pääasiassa villavaatteita. Virtasen teesinä oli selvittää elämää kemiallisesti elävässä luonnossa tapahtuvien kemiallisten reaktioiden avulla. Tehtävä oli laaja. Se tuotti myös tulosta. AIV-voisuolan avulla voin pH nousi parilla yksiköllä lähelle seitsemää. Se paransi säilyvyyttä. Voin aito maku säilyi menetelmän avulla jopa vuosia. Rehun kohdalla pH:n muutos oli päinvastainen. Yli kuuden oleva säilötyn rehun pH voitiin liuoksen avulla laskea nopeasti alle neljäksi.

Kuva 59. AIV-torni ja rehuntekokokeita.Kuva: dos. Touko Perko: XVIII Suomalaiset historiapäivät 2017. Oikealla tuttu AIV-liuospullo. Kuva:H.K.Lähde.

Kuivaheinän korjuu niitosta käyttöön oli varsin monivaiheista. Siirtyminen tuorerehun käyttöön muutti toimintaa merkittävästi. Latojen tilalle tulivat rehutornit. Myöhemmin tuorerehua säilöttiin maahan painojen alle ja muovipalloihin peltojen reunoille. Rehutorneja rakennettiin useimmiten navettojen yhteyteen. Jokapäiväinen siirto karjalle tuli tapahtua helposti. Niin tehtiin kotonanikin. Torni täytettiin parvelta. Loiva silta rakennuksen päässä helpotti hevoskuormien vetoa vintille. Auttoipa se joskus minuakin. Joku muu vei rakennusvaiheessa kerralla kolme säkkiä sementtiä vintille. Niinpä minäkin yritin. Otin kainaloihin kaksi säkkiä. Hartioille nostettiin vielä kolmas. Se onnistui. Jalka pureutui lujasti siltalankuille. Toista kertaa en yrittänyt.

Tuorerehujen osuus alkoi lisääntyä voimakkaasti jo 1950-luvulla. Aluksi leikattiin niittokoneella. Katkaistu rehu siirrettiin koneella traktorin kuormaksi ja vietiin torniin pakattavaksi liuoksen kera. Vähitellen tuorerehun taltiointi kehittyi. Katkaisulaite siirsi rehun kuormaan. Laitteeseen liitettiin liuospullo ja rehu valmistui saman tien säilöttäväksi. Lopulta tuore rehu siirtyi koneellisesti kasvusta muovipeitteiseksi palloksi pellon reunalle. Aikojen saatossa paalaaminen valtasi myös tuorerehun säilytyksen. Isot koneet pyöräyttävät nykyään sisuksistaan kuin kana munansa kuution suuruisen heinälieriön, joka nopeasti paketoituu suuren pallon muodossa muodostamaan erilaisia kuvioita heinävainioiden reunoille.

Koneellistumisen myötä ovat monet ammatit ja ammattitaidot siirtyneet historiaan. Menneisyyden kätköihin ovat hukkuneet myös entisajan ilonpidot talkoissa ja päivälevot lihasten lepuuttamiseksi niin ihmisillä kuin hevosillakin. Eikä enää tarvitse nousta auringon myötä arjen puuhissa uurastamaan.

Tuorerehun käytön voimakas kasvu vaikutti vähentävästi sekä kuivaheinän käyttöön että heinän korjuumenetelmiin. Huomattava määrä korjuuvälineistä ja työtavoista sekä varastopaikoista kävivät tarpeettomiksi. Korjuuaikakin muuttui. Tuorerehua otettiin talteen kahdesti. Kuivaheinä oli yksisatoinen. Kuivaheinä korjattiin seipäille kuivumaan ja sen jälkeen kuljetettiin latoihin. Työvaiheita riitti noin kymmenelle hengelle. Lihasenergiaa ja aikaa kului. Tuorerehun korjuulaitteet alkoivat ahmia työtapoja omikseen. Niittokonekin kävi tarpeettomaksi kuivarehun niittosilppurin ansiosta. Se katkaisi rehun ja silppusi sekä sekoitti liuoksen rehuun ja sinkosi sen vielä laitekokonaisuuteen kuuluvan traktorin peräkärryyn.

Kuva 60. Niittosilppuri toi tehoa rehunkorjuuseen. Silppuri irrotettiin ja traktori vei rehukuorman torniin. Kuva: Dosentti Perko. XVIII Suomalaiset Historiapäivät.2017.

Kuva 61. Tuorerehupalloja hajallaan laajalla peltoaukeamalla Etelä-Hämeessä. Kuva: H.K.Lähde.

Kuivaheinän määrä oli kaksinkertaistunut itsenäisyytemme alkuvuosikymmenille. Se väheni toisella puoliskolla kymmenesosaan. Uudelle vuosituhannelle tultaessa määrä laski siitä kymmenesosaan. Toisin kävi säilörehulle. Se tuli käyttöön 1950-luvulla ja on noussut jo yli 7000 miljoonan kilon.[45]

---

[45] Ranta. 2006. s.161.

Juurikkaiden nosto oli loppusyksyn hommia

Juurikkaiden sadon korjuu poikkesi ymmärrettävästi viljankorjuusta. Eri juurikaslajeillakin oli omat korjuutapansa. Perunasta on ollut juttua jo aikaisemmin. Erikoista ennen vanhaan oli perunajauhojen kotivalmistus. Periaatteessa se oli hyvin yksinkertaista. Siihen voitiin käyttää kuitenkin varsin monia erilaisia laitteita, joilla perunaa voitiin raastaa.

Noston jälkeen perunat tietysti pestiin hyvin. Sitä seurasi raastaminen tai jauhaminen laitteista riippuen.

Kuva 62. Kuvassa on vähän tahkoamisen tyyppinen veivillä väännettävä perunoiden raastinkone. Kuvat: H.K.Lähde.

Hienoksi raastettu peruna-aines laitettiin viileään veteen. Saatavalla tärkkelyksellä oli se ominaisuus, että se ei liuennut veteen, vaan painui pohjaan. Vettä vaihdettiin muutaman kerran, ja niin pohjasakaksi muotoutunut tärkkelys muuttui tiiviimmäksi. Tämän jälkeen sen annettiin kuivua. Kuivumisen jälkeen saatu aines voitiin monin tavoin tavallaan jauhaa hienoksi. Tuloksena oli aitoa luomuperunajauhoa.

Muutamat juurikaslajit tarvitsivat pienen siementen vuoksi erilaisia usein ihmiskäyttöisiä kylvökoneita. Taimelle tultua tällaiset kasvit, porkkanat, punajuuret ja sokerijuurikkaat vaativat rikkaruohojen tarkkaa kitkemistä sekä taimien harventamista

Sadonkorjuun monivaiheisuutta riitti. Juurikkaita oli harvennettu ja kitketty pitkin kesää. Oli nuorille sopivaa ja ehkä vähän miellyttävääkin ajankulua. Juurikkaiden sadonkorjuu tapahtui heinän ja viljain jälkeen syksyllä. Monet nostettiin käsin yksi kerrallaan. Samalla juurikkaasta irrotettiin naatit listimällä. Sokerijuurikas oli aika yleistä Turengin sokeritehtaan toiminnan ansiosta. Osa juurikkaista käytettiin kotona. Eläinten ruokaa niistä saatiin. Saatiin myös makeutusta ihmisravinnoksi. Tehtiin ja puristettiin varta vasten tehdyllä laitteella siirappia. Tehdas aloitti sokerijuurikkaan käytön vuonna 1948. Se teki sopimuksia viljelystä muutaman kymmenen aarin lohkoilla. Aluksi juurikkaan viljely oli täysin käsityötä. Kylvö suoritettiin työnnettävällä yksiuraisella kylvökoneella. Kesätyöt hoidettiin käsin. Korjuukin tapahtui käsin.

Pienempiä alueita käytettiin myös erilaisten puutarhatuotteiden kasvatukseen. Viljeltiin mansikoita, punajuuria, porkkanoita, kurkkuja ja niin edelleen.

Lampaatkin tarvitsivat vielä omat eväänsä talvea varten. Tosin niiden aikaansaaminen ajoittui keskikesän aikaan. Tehtiin lehtipuista kerppuja. Ne kuivatettiin ja varastoitiin lampaita varten talveksi.

Niin. Nuoruudessani oli todella monia kasvilajeja. Ja oli runsaasti eläinlajejakin. Kanihäkkikin oli monessa talossa.

Omatekoinen salaojitus poisti ojien haittoja

Viime sotiemme jälkeen vuosisadan puolivälissä elettiin edelleen pääasiassa hevosvetoisen peltotoiminnan aikaa. Maatiloilla viljeltiin itse omilla pelloilla omin konein omaan käyttöön. Sadon matka pellolta pöytään oli lyhyt. Kotirintamalle jääneet kantoivat suuren vastuun. Se hoiti vastuun uljaalla tahdonvoimalla niin sotarintaman kuin kaupunkien sekä muiden taajamien väestön ja maaseudun kotirintamankin energiain tarpeesta. Kotirintaman maaseutu osoitti tosi voimakasta selviytymisen tahtoa. Sodan jälkeen väki tarvitsi sekin kaikkensa antaneena ja lihasvoimiltaan uupuneena apua sekä monenlaisen vetovoiman puutteeseen että laajan tehtäväkentän toimintaan. Apua saatiinkin suhteellisen nopeasti, mutta muuta Eurooppaa myöhemmin.

Viljelyalaan vaikuttava ja koneiden avustama muutos oli salaojitus. Risusalaojilla suoalueilla ja sorasalaojilla joillakin muilla mailla laajennettiin pinta-alaa ja helpotettiin työtä ojien ongelmia poistamalla. Rikkaruohojen vaikutuskin väheni. Nuoruudessani salaojitettiin monia peltotilkkuja omin keinoin. Kaivettiin kapeita ojia vähän kalteville peltoalueille. Maalajista riippuen tehtiin sorasalaojia tai risusalaojia. Niissä kaikki oli käsityötä aineksien hevosvoimaista kuljetusta lukuun ottamatta.

Ojaputkien tehdastuotanto ja konevoima avasivat helpompia mahdollisuuksia salaojittamiseen. Peltojen tuotantokykyä parannettiin ennen apulantojen tuloa saveamalla suopeltoja ja päinvastoin. Turpeen polttaminen ja kulottaminenkin saattoivat tuoda lisäravinteita maaperään. Ilmiötä käytettiin kaskiviljelyssä. Keinolannoitus muutti tilannetta oleellisesti.

Traktorien yleistyminen vetokoneina auttoi ja tehosti nopeasti lähes kaikkea satokauden aikaista toimintaa. Hevoskäyttöiset maatalouslaitteet voitiin melko helposti muuttaa traktorivetoisiksi. Ja tulosta syntyi. Traktoriaura teki päivässä isännän ja hevosen kuukauden työn. Tulokset olivat helposti 15 hehtaaria. Traktorikynnössä ihminen istui ja ohjaili. Hevoskynnössä ihminen ja hevonen joutuivat tekemään raskasta matkaa hehtaarin alueella uskomattomalta tuntuvat lähes 40 kilometriä. Yhtä mittavan muutoksen sai sadonkorjuussa moottorilla ja pyörillä varustettu puimuri.

Riihenlämmittäjästä leikkuupuimurin rattiin

Viljan korjuu kypsästä kasvuvaiheesta jauhatusvalmiiksi tuotteeksi on kokenut runsaan vuosisadan aikana jopa kymmenkunta erilaista vaihetta. Puintitapojen ja laitteiden kanssa ovat kehittyneet sekä viljan puhdistus- että kuivatusmenetelmät. Riihipuintia harjoitettiin vielä viime vuosisadan alkupuolella. Edellisellä vuosisadalla kylän ammattilaisiin kuului riihen-lämmittäjäkin. Hän oli yleensä alueen vanhin ja asiansa kokenein mies. Tässä yhteydessä ohitan kuitenkin pääosin riihiajan tavat erilaisine varstapuinteineen niin telineellä kuin permannollakin. Kerrotaan, että joskus hevostakin käytettiin ehkä suokenkineen polkemassa jyviä irti riihen tiiviillä kirveellä veistetyllä lankkulaattialla. Kuittaan nämä vaiheet parilla kuvalla, koska tavat olivat vielä käytössä itsenäisyytemme alkuaikoina.

Kuva 63. Yllä vasemmalla kehitetty käsin väännettävä puimakone ja oikealla käsin väännettävä viljaa ilmapuhalluksella puhdistava viskuri. Alempana hevoskierto eli hevosen pyörittämä voimakone. Kaikki olen nähnyt käytössä nuoruudessani. Kuvat: H.K.Lähde.

Noin vuosisata sitten oli monin paikoin käytössä käsin väännettävä puimakone tai isompi hevoskierrolla toimiva laitteisto. Viskuri oli pitempään mukana puhdistustehtävissä. Vähitellen sen toiminta liittyi puimakoneen lajittelujärjestelmään. Puimakoneen kehittyessä sen voimanlähteiksi tulivat sekä höyrykone että yleisemmin maamoottori. USA:ssa 1800-luvun puolivälissä kehitetty leikkuupuimuri sai voimansa noin 30 hevosen vetämänä meidän niittokoneen tapaan pyörien kautta. Moottorivetoinen puimuri tuli käyttöön vasta viime vuosisadan alkupuolella. Meidän maassamme puimakoneen toimintaa pyörittivät edellä mainitut moottorit ja 1950-luvulla tulleet siivakytkentäiset traktorit. Niiden myötä puimakone voitiin siirtää puimalasta pellolle. Se oli askel kohti omamoottorista puimakonetta eli leikkuupuimuria. Kehityksen myötä muuttui samalla viljan lopputuotteiden tarve ja käsittely sekä kuljetus.

Maahamme apumoottorilla varustettu hinattava leikkuupuimuri tuli viime vuosisadan alkupuolella. Mustialan opistoon, joka siirtyi vuonna 1860 valtion haltuun, hankittiin ensimmäinen puimakone jo vuonna 1840. Mittava muutos tapahtui, kun liikettä aikaansaava kone sijoitettiin puimuriin ja koko kokonaisuuden alle asennettiin pyörät. Käyttövoima tuli laitteen voimakoneesta ja sitä voitiin ohjata kuten kulkuneuvoa. Laitekokonaisuus kehittyi viime vuosituhannella jo varsin monipuoliseksi leikkuupuimuriksi. Leikkuupuimurin ohjauspyörät ovat takapäässä.

Kuva 64. Puimakoneen moottorivoimana lapsuusaikanani toiminut vesijäähdytteinen maamoottori. Kuvat: H.K.Lähde.

Vielä viime vuosisadan puolivälissä viljaa leikattiin paljon suoravartisilla viikatteilla. Niittokoneen käyttö heinänkorjuussa laajeni vähitellen viljan katkaisuun joidenkin lajien osalta. Ruis niitettiin ja sidottiin sitomiksi. Muita viljoja kuivatettiin pääasiassa seipäillä.

Kuva 65. Yhtenä vaihtoehtona niiton ja puinnin välillä olivat erilaiset itsesitojat ja traktorivetoiset puintilaitteet. Kuva: H.K.Lähde.

Tavallisen puimakoneen aikana vilja tuotiin hevosella rataskuormina pellolta puimalaan. Pitkä ja vähän pölyinenkin puintipäivä sopi erinomaisesti lepopäivän jälkeen maanantaiksi. Väkeä tarvittiin jopa parikymmentä henkeä. Maamoottorin ja sen kuulasytytysmallin käynnistäminen vei jonkin aikaa. Iso jäähdytysvesiastia oli täytettävä. Siivat tai remmit oli vahattava remmien toimimiseksi. Kuula oli saatava kuumaksi ja ryyppyäkin tarvittiin. Parilla kierähdyksellä kone alkoi täristä ja "hiistohanan" sai sulkea. Käyrä pakoputki pöllytti maahan kuopan. Kuumakin se oli. Muistan saaneeni senkin kokea. Puintipäivä pääsi alkamaan.

Puimalassa pari kolme ihmistä irrotti tiukkaan ahdettua viljaa syöttöpöydälle sopivassa tahdissa. Lyhteiden side oli vetäistävä puukolla poikki. Kone vaati tasaista tahtia. Tyhjäkäynti oli toimetonta. Liika syöttäminen saattoi tukahduttaa puimakoneen. Syöttöpöydän työskentelijä ohjasi viljaa puimakoneen kitaan. Jyvät irtosivat viljakohtaisten varstojen toimesta. Konekäsittelyn jälkeen puimakone purki lajitellut puintituotteet

145

omista paikoistaan ja omille käsittelijöille. Puimurin uumenissa töitä tekivät seulat ja kohlimet ja muut tarpeelliset osaset. Jyvät olivat tietysti tärkein tuote. Säkkien täyttymisen valvoja hoiti säkin vaihtamisen säkityslaitteeseen, jonne hihnaelevaattori kuljetti jyvät. Niiden pois kuljettamisesta kuivaajaan vastasi oma osastonsa. Ruumenet ja oljetkin oli kuljetettava pois. Pahnoja tuli tietysti runsaasti. Oljet sijoitettiin usein puimalan yhteydessä olevaan olkilatoon. Sinne ne survottiin jatkokäsittelyä varten. Niitähän tarvittiin sisäruokintakautena päivittäin. Loppuvaiheessa lattialle pudonneet jyvätkin oli lakaistava ja otettava talveen.

Puintipäivään liittyi tietysti ylöspidon ja passauksen sisältävä energiahuolto. Kaivatut kamppiaiset olivat mieleisiä sopivan ruuan ja muun ilonpidon merkeissä kaikkien ollessa sekä yleisönä että ohjelman suorittajina. Käsinkivillä jauhetusta syksyn ensiviljasta keitetty uutispuuro nautittiin kamppiaisissa. Tietysti saunominen pölyisän päivän päätteeksi kuului tapoihin.

Erot heinärehun ja viljan korjuiden välillä johtuvat osittain käytöstä. Heinä käytettiin kokonaisuudessaan eläinten hyödyksi. Viljalajikkeiden tilanne oli toinen. Viljasta käytettiin hyväksi jyvien lisäksi myös pahnat. Ne erotettiin toisistaan riihessä ja myöhemmin puimakoneella. Pitkiä rukiinolkia käytettiin esimerkiksi patjojen täyttämiseen. Aikoinaan tehtiin olkikattojakin. Olkia tarvittiin myös eläinten alustoiksi. Vallankin pula-aikoina oljilla ruokittiin karjaa. Monenlaisten muutosten myötä olkien käyttö väheni.

Puinnin lopputoimet kuuluivat kaikille tuotteille. Puimakoneen laitteisto eritteli jyvät hyötykäyttöön. Akanat ja ruumenet menivät omiin tarkoituksiinsa. Pahnat jäivät pahnalatoon. Myöhemmin niitä käytettiin sellaisenaan tai silpputtuna karjalle osittain ruuaksi ja petipahnoiksi. Jyvien kuivaaminen oli oma ja aikaakin vaativa toimenpide. Sekin saattoi tapahtua monin tavoin. Kuivaamisen tarkoitus oli säilymisen parantaminen. Entisaikoina kuivautuminen tapahtui riihessä. Kaappikuivurit tulivat käyttöön vähitellen jo ennen sotia. Koneelliset kuivurit alkoivat yleistyä sodan jälkeen. Laitteiden tyypit lisääntyivät. Säkkikuivuri oli yksi vaihtoehto. Siinä viljan läpi kulki lämmin tai joskus myös kylmä ilma.

Seuraava vaihe oli puimakoneen siirtäminen pyörille ja sen saaminen puimalasta pellolle puintipaikalle. Käyttövoima tuli joko pellolle viedystä erillisestä moottorista tai kytkentäikelpoisesta traktorista.

Kuva 66. Puintitapahtuma paikallaan olevalla koneella ei poikennut juuri puimalapuinnista muuten kuin lopputuotteiden kuljetuksen osalta. Kone ja aika oli jo muokannut lähinnä olkien tarvetta ja käyttöä. Niitä ei enää aina kuljetettu pois hyötykäyttöön. Yllä tavallinen puimakone. Alla yksi leikkuupuimurin ensi malleista. Kuva:H.K.Lähde.

147

Kulkuvälineistä poiketen leikkuupuimurin ohjaaminen tapahtuu takana olevia pyöriä käännellen. Siksi se saattaa yllättää muita tielläliikkujia. Kokonaisuuden kuljettajan ohjaamo on leikkuupuimurin keskiosassa ylhäällä. Laitteen etuosassa luonnollisesti on osasto, joka katkaisee kasvavan jopa lakoisena olevan viljan. Sen jälkeen katkaistu vilja siirtyy puintiosaston käsittelyyn. Puintikelajärjestelmä irrottaa jyvät oljista. Tulos siirtyy seulojen jatkettavaksi. Puhallinjärjestelmä erottaa jyvät ja ruumenet.[46] Oljet siirtyvät edestakaisin liikkuville puimakoneen kohlimille tai vastaaville nykyaikaisemmille laitteille, joiden avulla mahdollisesti olkiin vielä jääneet jyvät irtoavat. Silppuri silppuaa oljet pellolle. Jyvät siirtyvät viljasäiliöön kuljetettaviksi vielä kuivurien kautta taltioituakseen vilja-aittojen laareihin. Olkia ja osa muitakin pelloille jääviä tuotteita hyödynnettiin ennen vanhaan karjan alustoina ja suppuna syötettäväksi.

Vilja siirtyi aikanaan myllyissä jauhettavaksi ja edelleen leipomisen ja muun käsittelyn kautta niin meidän ihmisten kuin kotieläintenkin energian tarvetta tyydyttämään.

Jalostuskin on saanut aikaan hämmästyttävän muutoksen viljan lopputuotteissa ja niiden määrissä. Korret ovat vankistuneet lakoutumisen vähentämiseksi. Mutta ne ovat myös huomattavasti lyhentyneet. Viljavainiot eivät enää lainehdi tuulenvireiden ansiosta niin kuin ennen.

Puinti on käsitteenä saanut uutta sisältöä nopeasti noin viiden vuosikymmenen aikana. Olen ollut mukana varstapuinnissa riihikuivaa ruista puimassa. Tuolla tavallahan saatiin todella hyvä puuroaines. Puimakone teki puinnista koneellisempaa. Kuivatus siirtyi erilaisten kuivurien tehtäväksi ennen viljan varastoimista aittojen laareihin. Tutustuin myös naapurin käsikäyttöiseen puimakoneeseen. Puimalassa paikallaan pysyvä puimakone oli seuraava kehitysaste. Sitä pyöritti maamoottori tai siivalla varustettu traktori.

Viljankorjuussa on tapahtunut uskomattoman paljon puinnin merkitystä muuttavia kehitysaskeleita. Puimakoneita alettiin siirtää joko jalasten päälle tai pyörille nostettuna viljan kasvupaikoille. Tähän asti kaikki tavat edellyttivät joko niittämällä tai hevosvetoisella niittokoneella katkaisemista. Korsien osia jäi jo pelloille tarpeettomina. Seuraavaksi yhdistettiin niittokone ja puimakone. Syntyi leikkuupuimuri. Sillä yksi mies sai

---

[46] Ruumenet ovat puhaltamalla puinnissa syntynyttä viljan osaa.

jo aikaan todella toisenlaisen tuloksen kuin ennen vanhaan suuren joukon talkootyö niittovaiheessa ja uudelleen puintivaiheessa. Rukiin korjuun kehitys viikatteesta puimuriin merkitsi monenlaista muutosta. Ennen vanhaan pitkiä olkia tarvittiin patjoihin ja myös sahdin tekoon. Lyhteillä oli monia muitakin käyttötarpeita. Oljista tehtiin silppua. Sitä varten oli käsillä ja jalkapolkimella toimivia silppureita. Petkeleitäkin käytettiin.

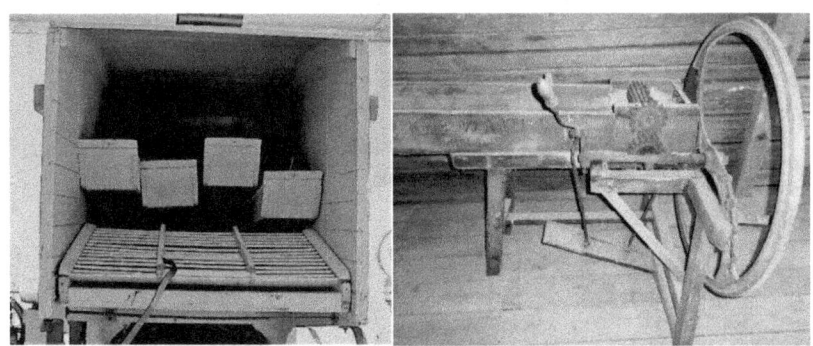

Kuva 67. Vasemmalla puimakoneen kohlimet olkien siirtoa toimittavina. Oikealla jalka- ja käsikäyttöinen silppuri, jolla oljet pätkittiin lyhyiksi. Niitä käytettiin kuuman veden kanssa haudutettuna eläinten ruuiksi. Osaa hyödynnettiin myös eläinten alustoina. Alla peltolakeuden viljelysmaisemia. Kuvat: H.K.Lähde .

Koneellistumista metsässä ja vesissä

Metsä toimi vielä sata vuotta sitten myös viljan kasvattajana. Kaski-huhdat tuottivat viljaa. Omassa nuoruudessanikin harrastettiin vielä kaskiviljelyä. Se oli varsin merkittävä viljelytapa 1800-luvulla. Se antoi jopa 20-kertaisen sadon. Sato puitiin riihessä. Kaskesta saatiin 3-5 satoa. Sen jälkeen alue sai heinittyä laidunmaaksi ja lopulta metsittyä. Kaskiviljelystä harjoittivat aikoinaan myös maattomat ihmisryhmät.

Kuva 68. Kaskiviljelyä noin sata vuotta sitten. Kuva Loimaan SARKA-museosta H.K.Lähde .

Metsä oli kuitenkin pääasiassa puun tuottoa varten. Syksyllä otettiin talteen myös terveellistä marjasatoa ja maukkaita sieniä. Lihastöistä luopuminen tapahtui metsissä jonkin verran maataloustöiden koneellistumista myöhemmin. Koneiden kehittäminen oli monipuolisempaa. Hevosvetoinen ei heti sopinut konekäyttöön. Traktorikaan ei soveltunut samoille urille kuin hevonen.

Kuva 69. Metsämarssilla hoitotoimissa joskus 1940-luvun lopulla. Kuva albumistani.

150

Honka, mänty, petäjä petun ja tervan antajia

Kuva 70. Männyn kaarna kehittyy vanhempana kilpimäiseksi. Ikihonka seisoo ylväänä jo lähes 780-vuotiaana. Kuvat: H.K.Lähde. Ikimännyn kuva XVII Suomalaisilta historiapäiviltä Lahdessa 2016.

Monta on nimeä samasta asiasta. Varmaan muutama jäi vielä otsikossa mainitsematta. Monet nimet osoittavat puusta pitämistä. Männystä varmaan pidetään, jos ei ole mennyt päin mäntyä. Se on antoisaa puuainesta monille sitä tarvitseville. Kovalevyjäkin siitä on tehty. Puukiekot taisivat olla Seitsemän veljeksenkin kilpailuvälineitä. Ja mikä onkaan kauniimpi näky kuin männikköinen kangasmaasto. Muita havupuitamme pitemmät ja parilliset neulaset omaava ikivihreä mänty on laajojen alueiden valtias. Se kantaa osansa ylväällä ulkoasullaan. Puu on pitkä ja osin oksaton. Vanhemmiten solakka punaruskea runko saa juuresta alkaen suojakseen paksumman ja tummemman ruskean kaarnan. Se muistuttaa pieniä kilpiä ja on suojannut puuta metsäpaloiltakin. Puulla on pääjuuri, joka pitää puun pystyssä paremmin yksinäisenäkin kasvavana. Se on helposti veistettävä ja hyvä rakennusaine. Teollisuus käyttää sitä merkittävästi. Sen erikoisia tuotteita ovat pettu ja terva sekä pihka. Pettua on käytetty leivissä ja muissakin ruoissa. Se tarkoittaa kuoren alla olevaa jälsi- ja nilakerrosta. "Pane leipään puolet petäjäistä. Veihän naapurimme viljan halla." Näin runoiltiin pahoina pula-aikoina.

151

Puun terva on ollut aikoinaan jopa merkittävä vientituote maallemme. Tervaa saatiin ja saadaan edelleen männyistä kehittyvistä tervaskannoista ja tervaksista. Niitä poltetaan hitaasti lähes suljetussa tilassa tervahaudoissa. Tervaa käytetään suojaavana aineena veneissä ja suksissakin sekä monissa muissa puutuotteissa. Sillä uskotaan olevan terveellisiä ominaisuuksia, kuten männynpihkallakin. Voi, mikä ihana tuoksu kantautui mukaan pikkupoikana isän kanssa kotona tehdyistä suksista jalkavuuden antavassa telineessä tervattaessa. Muistan, kun olin mukana lapsukaisena seuraamassa aivan kotikonnun läheisyyteen iloksi rakennetun pienehkön tervahaudan tekemisessä ja sitä seuranneessa tervanpoltossa. Sai valvoa vähän pitempään. Polttoa oli seurattava ympäri vuorokauden. Kotikontuni tervahauta oli rännimuotoinen. Isot tervahaudat olivat useimmin suppilomaisia. Tervahauta pohjustettiin savella ja tuohtakin käytettiin. Yhteen suuntaan viettävä ränni päättyi tervaa astiaan tiputtavaan laitteeseen.

Pieniksi pilkotut tervakset ladottiin yläviistoisin kerroksin. Alimpana oli tietysti tuohikerros tervan juoksun mahdollistamiseksi. Rakennelma peitettiin osittain muulla puulla ja sammalturpeilla suhteellisen tiiviiksi. Terva valui pohjalle ja sitä pitkin alareunassa oleviin astioihin. Haudan poltto kesti useita päiviä. Tärkein tuote oli tietysti itse terva. Muita tuotteita olivat hiilet sekä pohjalle painuva tumma neste.

Mänty on pitkäikäinen. Sen elinkaari saattaa olla monia vuosisatoja pitkä. Lapista UK-kansallispuistosta löytyi kymmenen vuotta sitten "ikihonka." Sen iäksi saatiin yli 764[47] vuotta.

Kuva 71. Tervaskantoja löytää nykyään yhä harvemmin. Oikealla kuusennäreillä sidottiin tukkipuomeja toisiinsa: Kuvat:H.K.Lähde.

---

[47] Metlan Kolarin toimiston tiedote 6.8.2007.

Kirves, pokasaha ja tukkisakset kotitarvekäyttöön

Kirveellä karsittiin alaoksia ja veistettiin kaatolovi osoittamaan puun kaatamissuuntaa. Seuraava väline oli pokasaha ohuempien puiden kaatamisessa. Tyvestä paksummat puut kaadettiin kahden miehen sahalla eli justeerilla. Sahauksen loppuvaiheessa puuta saatettiin työntää kirveen teräkulmalla sopivalta korkeudelta toinen käsi terää pitäen ja toinen olkavarresta työntäen valittuun ja kaatolovella merkittyyn suuntaan. Puun lähdettyä kaatumaan oli kaatajan äkkiä väistyttävä vastasuuntaan, jotta ei raskas tyvipää heilahtaessaan murjonut kehoa toimimattomaksi. Sitten seurasi oksien karsiminen kirveellä runkoa myöten ja lopulta mittojen mukainen rungon pätkiminen. Pokasahassa oli metrin merkit. Tukkisaksilla käänneltiin ja vähän siirreltiinkin tukkeja tai massapölkkyjä. Siten metsuri halusi auttaa seuraavan vaiheen eli hevosmiehen työtä. Sitä oli ajateltu jo kaatosuuntaa katsottaessa. Taitavien metsurien työn tuloksista esimerkkinä voisin mainita, että mestarikilpailussa pokasahalla ja kirveellä saatiin kahdessa päivässä 40 kuutiometrin pino halkoja.[48] Perinteiset sepän tekemät välineet ovat peräisin jo 1800-luvulta. Kotona sahan ja kirveen puuosat tehtiin tietysti puhdetöinä tuvassa kynttilän tai öljylampun valossa. Synnyinkotiini sähkö tuli ollessani rippikouluikäinen.

Hevosen ja isännän syyslepo ei pitkäksi ennen vanhaan muodostunut. Kun syyskynnöt oli saatu suoritettua, oli pian edessä matka metsätöihin. Teollisuus tarvitsi tukkeja ja kaupunkilaiset halkoja polttopuiksi. Hankintakaupat olivat viime vuosisadan puolivälissä pientiloilla muodissa. Tuloja tarvittiin perheen elatukseen. Tuohon aikaan elettiin lumisempia pakkastalvia kuin nykyään. Teitä ja kuljetusuria jäädytettiin. Lumen salliessa oli pantava hevonen reslojen eteen. Halkojen ja tukkien matkat lanssille ja tien varteen alkoivat.[49]

---

[48] Linnilä 1997.s.272.
[49] Linnilä 1997. s.276.

Kuva 72. Vasemmalla pokasaha, metallivanteinen saha ja kahden miehen justeereja. Oikealla vajaaksi jäänyt oikeamuotoinen motti koivuhalkoja. Kuvat:H.K.Lähde.

Kuva 73. Kirveen terävänä pitäminen ja tahkoaminen on ollut tärkeää. Kuva: H.K.Lähde.

154

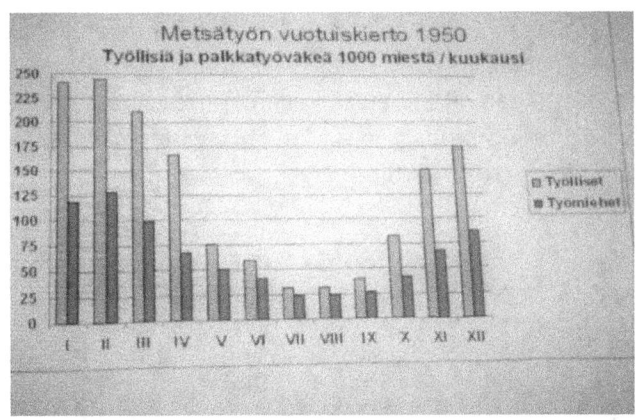

Kuva 74. Maataloudessa oli selkeä töiden riippuvuus vuodeajasta. Niin oli metsätaloudessakin. Ennen koneellistumista vilkkainta oli talvikuukausina, kuten yllä oleva taulukkokuva osoittaa. Kuva XVIII Suomalaisilta historiapäiviltä Lahdessa.

Vuosisata sitten käytettiin puun kaatamiseen monin paikoin vielä kaatokirveitä. Puun hinnan noustessa annettiin kieltoja kirveellä kaatamistavalle. Sehän jätti jälkeensä pitkiä kantoja. Kirves säilytti kuitenkin asemansa tehtävissä. Täytyihän puulle osoittaa sopiva suunta.

Kun oli päästy kaadettavan puun juurelle, potkittiin lumi sopivasti pois puun ympäriltä. Rippikoulupoikia ei kannoista haluttu tehdä. Samalla vilkaistiin sopiva poiskuljettamista auttava kaatosuunta. Kirves heilahti yläviistosta pari kertaa ja samoin vähän vaakasuoremmin. Sitten kirves sivuun, pikkupuissa pokasaha käteen. Sahan soidessa tahdikkaasti kaatohetki lähestyi joskus sahaamista pantaten. Silloin tarvittiin kiilaa sahan poistamiseksi. Kaadon jälkeen seurasi oksien karsiminen kirveen heilahtaessa molemmin puolin. Alapuolen katkenneet oksantyngät vaativat joskus tukin kieräyttämistä.

Puu oli valmis pätkittäväksi. Tyveen mahdollisesti jäänyt epätasainen kohta sahattiin pois. Pokasahan päihin merkityn mitan avulla katsottiin sahauspaikka ja sitten seurasi katkaisu. Lopulta puu oli valmis pois kuljetettavaksi. Kaataja pääsi pyyhkäisemään otsaansa ja asettui kahvitauolle. Kannon pää oli sopiva istuinpaikka. Rukkaset alle ja vielä karvalakkikin. Eväitäkin nautittiin ennen vanhaan useimmiten paljain päin. Termospullo avattiin ja kahvimuki höyrysi. Silavalla ehostettu rukiinen "voitaleipä" hupeni energiaa antaen. Kaatohommat jatkuivat.

155

Raskasta ja aikaa vievää tuo koneettoman työn tekeminen oli. Hevonen ja työn tekijät saivat rämpiä paksussa lumessa. Eivät siinä aina huopatossujen varretkaan riittäneet. Hevonen ei alkuvaiheessa vielä mukana ollut. Kulku-urat muotoituivat vasta kuljetuksessa. Tosin jo puun kaatamisessa huomioitiin tukin siirtäminen.

Kuva 75. Hevosvoima odotteli rauhallisesti tukkikuorman valmistumista. Raskaat tukit oli taitavasti saatava tukkireen poikkipalkin päälle. Sen jälkeen kuorma oli sidottava pysyvästi mukana kulkevaksi. Poikkipalkeissa oli rautaisia liukuesteitä puiden paikallaan pysymistä auttaen. Kuva. H.K.Lähde Vantaan maatalousemuseosta syksyisenä "Sadonkorjuupäivänä."

Tukit kuljetettiin talvikelillä parireellä. Joskus turvauduttiin vain etureen avulla laahaperäisenä kuljettamiseen. Päämääränä oli laanipaikka eli puuvarasto rannalla vesikuljetusta odottamaan tai kestävän tien varteen konevoimalla kuljetusta jatkettavaksi. Auto ja tukkikuorma vaativat kovaa tiepohjaa liikkumiseensa. Tukit vieritettiin ihmisvoimin köysien ja yhden käden tukkisaksien avulla auton vierelttä viistosti kuormaa vasten nojaavia tukitukkeja myöten kuorman päälle.

Moottorisahan kehittäminen kesti pitkään. Sellaista kehitettiin jo viime vuosisahan alkupuolella. Ensimmäinen Turussa vuonna 1916 valmistettu Arbor-merkkinen moottorilla toimiva saha painoi 120 kiloa. Saksalainen, meillekin tuttu merkki patentoitiin ensi kertaa jo vuonna 1929. Kotimainen Hyry tuli markkinoille 1958.[50] Aikaa vei myös hevosvoiman ja

50 Mytting 2013. s. 76. s.85. s.87.

156

hevosen taitojen korvaaminen. Metsätalouden raskaat kuljetukset vaativat toisenlaisia kuljetusuria kuin hevonen ja tukkireet. Murroskausi alkoi vasta 1960-luvun lopulla ja voimistui seuraavalla vuosikymmenellä. Moottorisaha ja vinssitraktori aloittivat koko metsätalouden murroskauden. Rukiin voima käsivarsissa alkoi korvautua bensiininkatkulla ja koneen äänillä. Uudempi malli oli mukava käsitellä 1960-luvulla. Turvallisuudesta piti tietysti huolehtia. Nykyäänhän tähän moottorikäyttöiseen laitteeseen tarvitaan ajokorttikin joissakin tapauksissa. Tilallisten hevoset ja monet maaseudun itselliset yrittäjät olivat saaneet sopivasti lisäansioita talven monin tavoin antoisista metsätöistä. Metsätöiden kuljetukset lihasvoiman aikaan tapahtuivat pääasiassa pienkuljetuksina pienempien tai isompien vesiväylien varteen.

Kuva 76. Kuorma-auto tukinkuljetukseen vuodelta 1954. Kuva:H.K.Lähde.

Ei ollut helppoa se entisajan servoton kuorma-autokaan käsitellä epätasaisella metsätiellä kuormattuna. Jätkän servo eli isompi ohjauspyörä siinä tosin oli. Hiki tuli juuri kortin saaneelle nuorukaiselle kuormaa metsästä kuljettaessani. Puoliksi seisaallaan ollen piti pitää lujasti kiinni ratista. Epätasaisuus löi joskus tuntuvasti ohjauspyörään. Eikä se vaihtaminenkaan kaksoispoljennalla ihan helppoa ollut kuormurin jurratessa pikkuvaihteella ylös huonokelistä mäkeä. Mutta onnistuihan se halkokuorman vienti kaupunkiin.

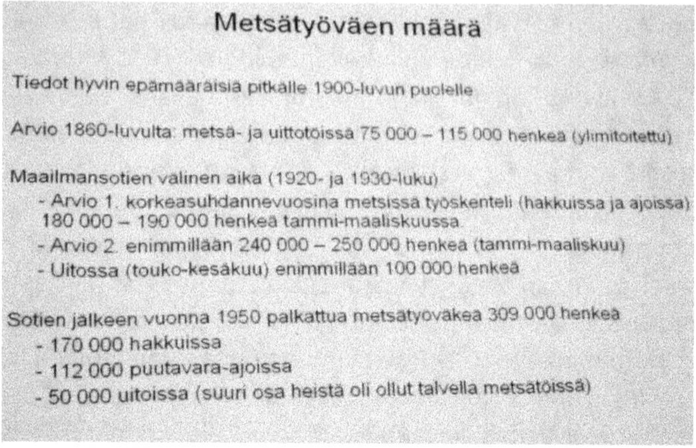

Metsätyöväen määrä

Tiedot hyvin epämääräisiä pitkälle 1900-luvun puolelle

Arvio 1860-luvulta: metsä- ja uittotöissä 75 000 – 115 000 henkeä (ylimitoitettu)

Maailmansotien välinen aika (1920- ja 1930-luku)
- Arvio 1. korkeasuhdannevuosina metsissä työskenteli (hakkuissa ja ajoissa)
  180 000 – 190 000 henkeä tammi-maaliskuussa
- Arvio 2. enimmillään 240 000 – 250 000 henkeä (tammi-maaliskuu)
- Uitossa (touko-kesäkuu) enimmillään 100 000 henkeä

Sotien jälkeen vuonna 1950 palkattua metsätyövakea 309 000 henkeä
- 170 000 hakkuissa
- 112 000 puutavara-ajoissa
- 50 000 uitoissa (suuri osa heistä oli ollut talvella metsätöissä)

Kuva 77. Metsien miesten määrän muuttuminen itsenäisyytemme alkupuolella. Kuva Suomalaisilta historiapäiviltä.

"Jätkä" oli merkittävä nimitys. Sen saivat ja ansaitsivat metsätalouden ja tukkilaiskauden puurtajat. Jätkä oli moneen puuhaan mukautuva moniosaaja metsätalouden ja osittain myös maatalouden erilaisissa töissä. Hänen tapaisiaan oli vielä 1960-luvulla ainakin 100 000. He uurastivat talvisin metsätöissä. Keväällä järvien vapautuminen jäistä ja purojen solina vetivät jätkät erilaisiin uitto- ja lastaus- sekä ponttoonitöihin. Kesällä he siirtyivät maatalouden pariin. Sahureitakin tarvittiin.

Puita kuljetettiin nuoruusaikanani uittamalla ja laajoina vesikuljetuksina lauttoineen ja proomuineen osittain jo höyrykoneiden avustamana. Vuosisadan puolivälissä ihmiset ja hevoset hoitivat ponttooniaikana ja keluveneiden (vaijerikelalla varustettu vene pienlauttojen hinaamiseen) kanssa monenlaisen puutavaran kuljetuksia vettä pitkin. Tähän merkittävään ennen vanhan tehtäväalueeseen en tässä yhteydessä enempää puutu.[51]

---

[51] Asiasta enemmän: "Porraskosken kyläkirja" ja Lähde 2017 "Kotikontujen kiertolainen".

158

Metsätaloutta hankintakaupoista konekauteen

Metsätalouden alueella muutos oli maataloutta myöhäisempi. Koneellistuminen maailmalla toi puulle uudenlaista käyttöä. Sahateollisuus teki aimo harppauksen vuosisadan loppupuoliskolla. Useita paperitehtaitakin alkoi toimia toissa vuosisadan jälkipuoliskolla. Metsä on ollut kansallemme monin tavoin merkittävä asia. Alkusysäys tuli 1700-luvun lopun teollistuvan sahatoiminnan myötä. Itsenäisyytemme alkukymmenillä kehittyi mittava savotta- ja kämppäelämä. Monimuotoinen tukkilaiselämäkin nousi kukoistukseen. Vuonna 1950 oli 310 000 ihmistä eripituisia aikoja metsä- ja uittotöissä. Lisäksi useita metsänomistajia oli töissä omilla alueillaan. Puun elinkaari kannolta käyttöön oli tuolloin vielä lihasvoiman varassa. Puunkuljetus uittamalla eli vilkkainta ja merkittävintä aikaansa pitkän matkan kuljetuksissa runsasvesistöisessä maassamme. Mutta muutos koitti. Vuoden 1960 alussa hakkuihin osallistui yli 160 000 miestä, mutta 15 vuotta myöhemmin enää noin 30 000.

Maamme metsät ja metsätyöt tuloksineen ovat kautta aikojen monin tavoin olleet merkittävä alue elomuodossamme. Puuta poltettiin. Puu on ollut mittava rakennusaine. Puusta tehtiin monenlaisia ruuan laitossa tarvittavia välineitä. Puu oli vielä vuosisata sitten tärkeä ainesosa lähes kaikissa maatalouden välineissä. Reet, rattaat ja rattaanpyörät sekä kelkat ja sukset sauvoineen tehtiin nuoruudessani puusta. Olenpa ajanut koulumatkaa polkupyörällä, jossa oli puurenkaat. Siihen sai isäni ostoluvan hoitamiaan tehtäviä varten. Puusta tehdyt pilkkeet olivat polttoaineena myös niillä erittäin harvinaisilla autoiksi kutsutuilla kulkuneuvoilla, joita sodan aikana ja sen jälkeisenä pula-aikana sen aikaisilla sorapoluilla liikkui. Puuta nielivät toimiakseen myös höyryveturit ja muut 1800-luvulla keksityt höyryllä toimivat koneet. Puusta oli tehty myös useimmat vesien kulkuvälineet. Tosin rautakin oli valtaamassa alaa. Monenlaisia puutuotteita ja puusta jalostettuja tuotteita on viety laajasti maailmalle. Tässä rajoitun kuitenkin metsätöiden tekoon lihasvoiman aikaan ja metsurien toiminnan koneellistumiseen.

Itse hakattu polttopuu lämmitti useasti

Kuusi on yksi aina vihreä havupuumme. Kuusen neulaset ovat vajaan tuuman mittaisia ja oksista lähes täysin rungosta lähteviä ja haarautumattomia. Se on pitkäkasvuinen[52]. Sitä on käytetty teollisuustuotteiden ohella monenlaiseen rakentamiseen. Vaneriviiluina sitä on tarvittu kalustuksiin. Lankuilla ja laudoilla on ollut monenlaista käyttöä talouskeskuksen rakennelmissa. Kuusesta veistettyjä hirsiä on käytetty moniin rakennelmiin. Hirsiseinästä pantiin "viisi hirttä poikki". Siihen tuli ovi. Lämmityksessäkin kuusipuu on puolustanut paikkaansa. Se ritisee palaessaan. Kaikille ilmeisesti tuttu kuusenkäyttömuoto on jouluun liittyvä joulukuusi. Ennen vanhaan se oli merkitty jo suven aikaan ja noudettiin heinäkuorman päällä aattona juhlakäyttöön. Kuusi koristeltiin Iltapäivällä.

Kuusen erikoistuotteita ovat pihka ja kuusenkerkät. Kuusenkerkkä on toiminut ennen vanhaan ja vähän taas nykyäänkin luonnonlääkkeenä. Myös pihkalla on käyttöä lääkityksissä. Lapsena mieltä ilahduttivat monet leikit kuusenkäpyjen kanssa. Niillä koristeltiin joulukuustakin.

Puu oli polttopuuna varsin merkittävä noin 1960-luvulle asti. Isompiin uuneihin kelpasi kokonainen halkokin. Tiiliuuniin työnnettiin jopa tukkeja omiin lämmityskoloihinsa. Muuripata, hella ja saunankiuas tarvitsivat omia kukin sopivan kokoisiksi pilkottuja puita. Pilkkeet olivat vielä pienempiä palasia. Tärkeät vaiheet kaikille olivat tietysti kaataminen, pätkiminen, pilkkominen ja pinoaminen kuivamaan. Kasassa puu ei kuivanut. Puupaljouden kuvaamiseksi mainittakoon sen määrä 1940-luvulla. Tilastojen mukaan maassamme hakattiin tuolloin metsistä 10 miljoonaa tonnia polttopuuta. On arvioitu, että konkreettisesti talven 1942-43 Helsingin Hakaniemeen koottu pino saattoi olla suurin koskaan tehty puupino.[53] Energian suhteen tapahtuneet muutokset oat vaikuttaneet oleellisesti polttopuiden määrään viime vuosisadan loppupuoliskolla.

---

[52] Mytting 2013. s.59. Kuusella on pituutta 48 metriä.
[53] Mytting 2013 s.20.

Puulla on syynsä aineiden ja koristeiden synnyssä

Metsiemme anteja ja puiden erikoisuuksia on ihmiskunta käyttänyt hyväkseen monin tavoin. Matalammista maassa kasvaneista lajeista on hyödynnetty monien marjakasvien anteja lisäravinteina monine vitamiineineen. On poimittu ja säilötty sieniä talven varalle. Kuusenhavut ovat korvanneet kuramaton kynnyksen edessä. Katinlieosta on tehty myös kestäviä mattoja. Jäkäläkin on monikäyttöinen. Sammal on muodostanut erinomaisesti hengittävän tilkeaineen entisajan hirsirakennuksissa. Olen poiminut seuraaville sivuille muutamia ennen vanhaan enemmän käytettyjä puista saatavia lisäaineita ja esineitä. Jotkin niistä ovat säilyneet ihmisten auttajina myös nykypäivän muuttuvassa maailmassa.

*Kataja on pieni ja sitkeä neulaspuu. Sisältä puun väri on kellertävää tai ruskeanvivahteista ja osittain juovikasta. Siksi se on ollut monien tarve- ja koriste-esineittenkin puuaines. Sillä on oma tuoksunsa. Puun havuja on käytetty niin lihan kuin kalankin savustukseen ja sahdin valmistukseen sekä osia muutoinkin mausteiksi. Koristepuukin kataja saattaa olla. Katajia on monin paikoin rauhoitettu ja niiden käyttöä rajattu.

Kuva 78. Kataja on varsin laajalle levinnyt ja erilaisilla maalajeilla viihtyvä kasvi. Kuva: H.K.Lähde.

*Haapa tuotti tikkuja tulentekoon ja kerppuja lampaille.

Keksimisestä käyttöönottoon kestää yleensä pitkän aikaa. Niin kävi tulitikunkin kohdalla. Mehän ymmärrämme tulitikulla noin neljän sentin mittaista parisen milliä paksua tikkua, jonka toisessa päässä on jotakin tummaa ainetta. Rasiasta otetun tikun materiaksi sanottua tummaa päätä raapaistaessa rasian samanväriseen reunaan syntyy kitkan aikaansaaman lämmön johdosta hetkellisen lämmön aikaansaama leimahdus. Tikku syttyy. Tuli leviää pian puuosaan. Sillä voidaan sytyttää jotakin muuta palavaa ainetta tuleen. Raapaisemalla syttyvä tulitikku keksittiin vuonna 1826.[54] Tehdastuotanto pääsi alkuun myöhemmin. Miten sitten siihen asti tultiin toimeen? Tultahan tarvittiin jo varhaiseen ennen vanhan aikaankin. Tuttu sana umpimähkä liittyy läheisesti tuleen. Aamusella otettiin tuhkan sisälle iltasella piilotettu hiili vähän esille. Puhaltelemalla sitä piilossa ollut tuli saatiin syttymään. Umpimähkä sisälsi tuhkaan kätkettyinä pienen hiilivaraston edellispäivältä. Kyllä siitä yleensä tuli saatiin alkuun.

Kuva 79. Haapapuilla oli aikoinaan suuri merkitys tulitikkuteollisuudessa. Ajat muuttuvat kuitenkin. Etikettien keräilykin on jo päättynyt. Kuva: H.K.Lähde.

---

[54] https://fi.wikipedia.org/wiki/Tulitikku

Muitakin keinoja oli lapsuusaikanani vielä tulenteon käytössä. Kipinä oli mahdollista saada aikaan iskemällä kahta esinettä yhteen. Tarvittiin tulusrautaa ja piikiveä sekä taulaa. Tapa oli käytössä vielä 1800-luvun lopulla. "Seitsemässä veljeksessäkin" puhutaan palavasta taulankappaleesta. Tulitikkukin kuuluu pienuudestaan huolimatta 1800-luvun merkittäviin parannuksiin. Viime sotien jälkeen tikkuaskien etiketit olivat keräilijöiden suosiossa. Haapa on vienossa tuulessakin vilkutteleva lehtipuu. Se oli tärkeä tulitikkuaine. Kevyenä ja vaaleana sitä käytetään saunarakenteissakin. Lampaille siitä saatiin talveksi kerppua. Tikkojenkin asuntoja haavoista löytyy myös muille lajeille vuokrattaviksi asti.

Kerput olivat karjanpidon aikaan haapapuusta saatavia merkittäviä tuotteita. Niiden teko saattoi alkaa jo juhannuksen aikaan. Kerpuja tehtiin haavan ohella myös koivusta, raidasta sekä joskus niinipuustakin. Kamppi oli tärkeä välinen kerpun teossa. Ennen vanhaan kerput kuivattiin haasioissa. Muutamien metrien mittaisia haasioita tehtiin tavallaan harvan riukuaidan tapaan. Pystypuut saattoivat olla korkealta katkaistuja puita. Ne pysyivät parhaiten pystyssä. Koivun tai pajun vitsoilla sidottiin poikkipuita kerpukerrosten väliin. Haasioista tuli muutaman metrin korkuisia. Kerpuja tehtiin yleensä lampaita varten. Haapakerput olivat erityisen terveellisiä kaikille elukoille. Suvella riivittyjä lehtiä haudottiin pulaaikoina pahnan kanssa lehmille syötäväksi. Lehmäthän eivät ennen vanhaan tuottaneet maitoa ympäri vuoden. Kukin oli osan aikaa ummessa.

Kuva 80. Hakoja hakattiin sekä hakokirveellä että tavallisella kirveellä. Tukin muoto muuttui käytössä. Kuvat: H.K.Lähde.

164

Lehtimetsää ihon hyväilystä ruokanautintoihin

Keväisen auringon myötä paljastuu jälleen kesäinen kasvu. Alkuvoimaa se oli kerännyt jo syksyn sateilla. Talvella se lepäsi hangen alla. Pälvien pilkahdettua alkaa työntyä esiin luonnon uusiutunut elämä. Parhaimpaan kukoistukseensa se yltää keskikesän valoisimpien päivien aikaan. Rehevimmin uusi kasvu näkyy kylmäksi kaudeksi riisuutuneissa lehtipuissa. Suven lämmön myötä ne pukeutuvat vehreään monikerroksiseen vaippaan. Monet vilkuttelevat iloisesti. Se on haavan erikoinen ominaisuus. Haapa selviää havinallaan soitannosta parhaiten.

Entisaikoina monimuotoinen lehtipuusto muodosti nykyistä tärkeämmän elämän osa-alueen. Se oli hyödyksi eläimille. Ihmisillekin siitä koitui monenlaista hyötyä ja huvia. Oikeastaan lehtimetsä kilpaili aikoinaan menestyksellisesti vaatimattomien viljelysten kanssa. Osa eläimistä sai siitä tarpeellista kesäistä ravintoa. Joillekin lehtimetsä antoi eväät talvestakin selviytymiseen. Ihmisille lehtimetsä tarjosi puhdistavaa nautintoa niin kesällä kuin talvellakin. Kenellepä ei juhannussaunan vastatehty vihta olisi yksi kesän kohokohdan kaipauksen kohde. Niin, mitäpä olisi juhannus ilman pihlajan- ja koivunoksilla koristeltua saunaa ja luonnontuoksuinen puhtaaksi pesty sauna ilman vihtaa. Se on tuoreen vihdan ensi-ilta. Näytelmän uusimiseen käytetään myöhemmin kesällä kypsempilehtisiä ja syksystä alkaen joko kuivattuja tai nykyään pakastetuoreita vihtoja.

Vihta vaati taitavaa tekijää. Kova käyttö vaati vihdalta tukevuutta ja tuuheaa lehtevyyttä. Hyvä tekijä tiesi ajan ja ainesten vaatimukset. Vihdanteko ajoittui juhannuksen aikaan. Niin nykyäänkin. Kevään kylvötyöt olivat kaukana takanapäin. Aidanteko ja korjauksetkin oli hoidettu karjan pitämiseksi sille tarkoitetuilla alueilla. Lehti oli kasvanut hyvää vauhtia. Ikivanhaan valon juhlaan mennessä lehdekset olivat vielä rieviä. Ne olivat hyvätuoksuisia ja pehmeän tuntuisia. Pehmeyttä lisäsi vielä nuoren kasvun tahmeus. Kestävyyttä ei juhannusvihdalta vielä vaadittu. Juhannussaunan kertakäyttövihta saatiin oivasti sidotuksi vähän rievästäkin aineksesta. Kestävämmät vihdat tehtiin vasta juhannuksen jälkeen. Vielä heinäkuun alkukin oli otollista aikaa. Lehti ehti varttua täysikasvuikseksi ja kestäväksi. Myöhemmin lehteen tarttui syksyn merkki. Rauduskoivu on suurilehtisenä hyvä vihtakoivu. Sen lehdet kestävät ja oksat taipuvat sopivasti ihoa hyväilemään.

Kuivattuja vihtoja säilytettiin pareittain pimeässä vintin orsille ripustettuna. Yksittäinen vihta on leskenvihta, sanotaan. Pakastevihdan suvituoksut säilötään tiiviisti ja muovikelmua tai pussia apuna käyttäen. Pakastevihta sulatetaan suhteellisen nopeasti. Kuivattu vihta vaatii hauduttamalla herättelyn. Mikä ilo oli lapsena pikkuvihdan teko itselle saunailtaan. Aikuisten taito ja tieto siirtyivät lapsille leikinomaisesti askarrellen. Kesän hyvien tuoksujen täyttämä luonto oli nautintojen yltäkyllää.

Lehtimetsä oli aikoinaan maataloudessa monella tavalla hyödynnettävää aluetta. Se palveli karjataloutta. Se kasvatti tuotteita ihmisten käyttöön ja ravintoa karjalle niin kesäksi kuin talveksikin. Aikaa kului vihdan ja kerpujen tekoon sekä lehdenriivintään haudeaineksiksi. Lehdestämisen aika oli heinän ja elonkorjuun välillä.

Koivusta mahlaa, tuohta ja visaisuuttakin

Koivua on kutsuttu polttopuumetsiemme kuningattareksikin. Lehtimetsistämme on koivuja neljä viidesosaa eli 80 prosenttia[55]. Lajeista mainittakoon hieskoivu ja rauduskoivu sekä vaivaiskoivu ja visakoivu ja miksi ei myös riippakoivu. Koivulajeja on useita. Ilmeisesti tunnetuimpia ovat hieskoivu ja kansallispuu rauduskoivu sekä visakoivu ja vaivaiskoivu. Visakoivu on arvokkain puulajimme. Se lienee puistamme ainoa, jota myydään joskus kilohinnan mukaan. Harvinaisuus johtuu puun erikoisesta syykokonaisuudesta. Syiden kiemuroihin on sekaantunut kauneutta lisääviä ruskeita juovia. Visakoivuun on kiertynyt ruskeita juovia. Siksi puuaines on kaunista ja haluttua. Visakoivusta on tehty monenlaisia huonekaluja ja muita käyttöesineitä.

Koivun mahla on keväällä saatava terveysjuoma. Mahlaa koivusta voi saada jopa muutama litra päivässä. Neste sisältää sokeria ja useita hivenaineita. Koivussa virtaava mahla liittyy oikeastaan puun lehtien syksyisen tuotannon taltioimiseen juuriin talven ajaksi ja aikaistamaan keväällä

---

55 Mytting 2013. s.55.

kasvun alkua. Mahla alkaa virrata juurista kohti latvuksia jo varhain keväällä. Pieni rikkoutuma vaikkapa oksan katkeaminen päästää mahlan vuotamaan puusta. Jokamiehen oikeuksiin ei tämänkään tuotteen kerääminen kuulu.

Mahlan ohella koivupuun tuottama tuohi oli alkukesällä taltioitava eristysmateriaali. Lehtiä on käytetty niin karjan kuin ihmisten ravinnoksi. Saunavihdat ja -vastat ovat saunan ystäville tärkeitä tuotteita. Ne juhlistavat juhannussaunomista sekä limoina pihapiiriä ja ovipieliä.

Ihmisten käytössä on koivulla ollut keskeinen osa lämmityspuuna. Metsästä se on helppo karsia ja korjata. Haloista on tehty kuution pinoja. Kotilämmitykseen ne pätkittiin pienemmiksi ja pinottiin lopuksi pihapiirissä ilmavaan puuliiteriin. Puun hankinta omasta metsästä tuotti lämpöä tekijälleen monta kertaa. Puuliiterin tuoksu ei kovin helposti unohtunut.

Tuohi on kevään seuraavaksi taltioitava koivun erikoistuote. Se irrotetaan suurina levyinä siloisesta koivun rungon tyviosasta. Parasta aikaa on keskikesä. Tuohi on kevyttä ja siitä huolimatta myös kestävää. Tutuimpia tuohituotteita ovat marjatuokkoset ja mämmituokkoset, joita roveiksikin sanotaan. Tuohikontit toimivat selkäreppuina. Tuohilipolla otettiin helteisellä heinäpellolla raikasta vettä lähteestä. Paimentorvet olivat paimenten viestintävälineitä. Sytykkeenä ja kalapyydysten kohoina tuohiesineet toimivat erinomaisesti. Tuohinen sormuskin on vanhemmalle väelle tuttu tuote muiden koruesineiden ohella. Pukeutumisessa käytettiin virsuja ja tuohilakkeja. Punomalla saadaan aikaan mitä moninaisimpia tuohituotteita. Unohtaa ei tietenkään sovi tuohipurjeisia kaarnalaivojakaan.

Koivuihin muodostuu joskus tuulenpesiä. Joihinkin puihin kehittyy myös monimuotoisia pahkoja. Niistä voidaan työstää mitä erilaisimpia kestäviä ja kauniita pieniä tai suuriakin esineitä. Luudakset ja vispilät ja ennen vanhaan "koivuniemen herrakin" olivat joka talon käyttöavaroita.

Keskikesän suloinen suvijuhla juhannus sisältää edelleen monenlaista koivujen perinnekäyttöä. Saunavasta ja suloinen suvi-ilta liittyvät kesän kauneimpaan juhlahetkeen. Hiirenkorvien ja edelleen kissankorvien kautta koivulle kehittyvä lehtimekko loihti esiin juhannukseksi suloisen ja suvelta tuoksuvan vehreyden.

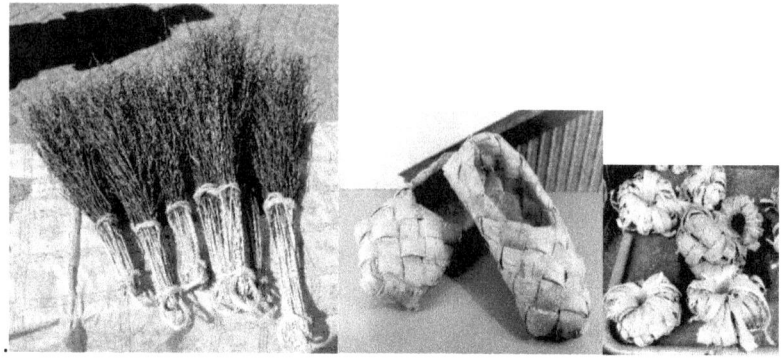

Kuva 81. Puista tehtiin myös monenlaisia luudaksia ja vispilöitä sekä hiertimiä. Tuohesta saatiin ai-kaan tossuja, pesusieniä eli huosiaimia, tuohitorvia paimenille ja monenlaisia muita tavaroita aina sormuksia myöten. Alla monihaarainen visakoivu. Kuvat: H.K.Lähde.

Kuva 82. Koivuun kehittyy usein myös runsaasti tuulenpesiä. Kuva: H.K.Lähde.

Leppä, lehmus ja pihlaja sekä paju

Lehmus on huomattavasti pihlajaa suurempi puu. Moni paikka on saanut nimensä pihlajan tai lehmuksen tai niinipuun mukaan. Puun merkittävin tuote oli aikoinaan niini. Sitä saadaan kuoren kaarnapinnan alta. Niinestä punottiin vielä viime vuosisadalla hyviä ja kestäviä köysiä. Niinen valmistus on monivaiheista. Niini sijaitsee puun ja kuoren välissä. Puu oli kaadettava ja karsittava keväällä. Kuoren irrottaminen tehdään tyvestä alkaen pitkinä ja suhteellisen kapeina suikaleina. Niitä liotetaan nippuina vedessä jopa pari kuukautta. Niput nostetaan ja niini irrotetaan. Lima huuhdellaan pois ja niinet levitellään kuivamaan, minkä jälkeen ne säilytetään nipuissa odottaen käyttöä köysiksi tai muuhun sitomiseen.

Leppä on koivukasvien heimoon kuuluva lehtipuu. Suomessa on pääasiassa kaksi yleisesti levinnyttä ja monin tavoin käytettyä lajia. Toinen on harmaaleppä ja toinen tervaleppä. Pajuja kasvaa maassamme monenlaisia. Pajupillit ja pajunkissat sekä pajukorit ja kalanpyydyksetkin tehtiin ennen vanhaan pajuista.

169

Järvialueilla kulkua ja kalastusta hyödyksi

Runsasjärvisessä maassa vesialue oli ymmärrettävästi tärkeä kulku-väylä niin kesällä kuin talvellakin. Se oli myös merkittävä kuljetusväylä. Puuta kuljetettiin monessa muodossa niin pinnalla uittaen kuin proomuissakin. Kasvillisuuttakin hyödynnettiin. Kerättiin kaislojen pillinpäitä kehruuhommiin ja kaislojen pehmeitä osia myöskin tyynyjen sisällöksi. Paksua jäätä sahattiin ja nostettiin sekä kuljetettiin purulla peiteltynä jää-katokseen käytettäväksi kesäisin maidon jäähdytykseen.

Järvestä saatiin tietysti myös huomattava määrä elatusta pääasiassa oman ruokakunnan tarpeisiin. Talvella pilkittiin tai kalastettiin verkoilla jään alta. Jäiden lähtö oli ehkä antoisinta kalastusaikaa. Monet kalalajit huolehtivat lisääntymisestä keväisin. Katiskat olivat oivia pyyntivälineitä. Pitkäsiima ja verkkokalastuskin olivat antoisia tapoja ruokapöytäin anti-mien ja myös ruokavarastojen täydentämiseen, ja tietysti uistelukin matkaa tehdessä. Muikun kutuaika oli syksyllä. Muistan, kun pääsin isän kanssa muikunverkkoja kokemaan joskus vähän jäähileiselle järvelle. Isä souti rantaan ja puiden haarukoissa irrotettiin muikut ja laskettiin verkot uudelleen järveen. Mätiä tuli joskus runsaasti. Kalathan ovat mätiä jo ennen syntymäänsä. Muikku oli kotijärvessä lapsuusaikanani aika isoa. Kiloon mahtui yhtä monta muikkua kuin kananmuniakin. Rapujen pyynti oli mielenkiintoista.

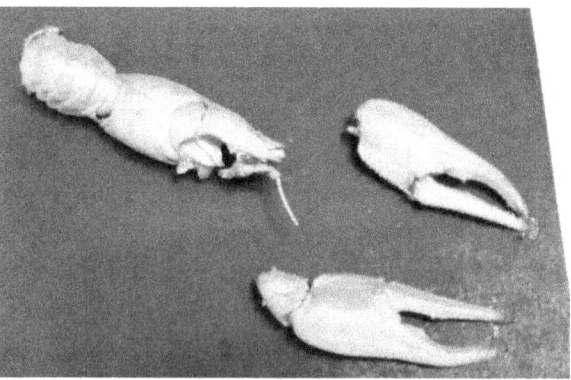

Kuva 83. Kotini seinää koristaa edelleen yli puoli vuosisataa sitten kotijärvestäni saadun ravun kuoriosa. Ravun pituus on nyt 27,0 cm tuolla A4-alustalla. Minulla on koko ajan ollut se mielikuva, että pyrstö vähän kaareutui ja lyheni sekä saksien ja kehon väli oli raajojen osalta pitempi. Edesmennyt tyttäreni oli pienestä pitäen innokas kalassa mukanaolija. Kuva: H.K.Lähde.

Koneiden tulostehtailu ylitti ihmisen mahdollisuudet

Viime sodan menetykset aiheuttivat monenlaista uudisrakentamista. Suo, kuokka ja kodittomaksi joutunut entinen maajussi joutui raivaamaan perheelleen uuden oman kotikonnun. Porkkala sekä laaja Lappikin oli ensi tilassa uudisrakennettava. Maaseudun molempien rintamien toimeentulosta huolehtinut kotirintamalle jäänyt väestö oli rasittunut ylikuormituksesta. Sotakorvauksista huolehtiminen työllisti ylimääräisesti suurta ihmisjoukkoa. Olosuhteet poikkesivat huomattavasti sen ajan normaalista arjesta. Osa elämän suorittamisesta imeytyi moniaistisen silmäkameran kautta kymmenvuotiaankin mielen muistiin.

On ymmärrettävää, että selviytymisen tahtoa omannut väestö kaipasi apua vielä laajalti sähköttömän ja koneettoman maaseudun työtehtäviin. Tuntui, että omat keinot eivät enää täysin riittäneet. Niukat varat haittasivat niitäkin vähäisiä hankintoja, joita olisi ollut mahdollista tehdä. Tuohon aikaan haluttiin toimia tienatuilla varoilla. Talonkirjoja ei mielellään piirongin laatikoista vaatimattomassa määrin toimineille pankeille haluttu velan vastikkeeksi luovuttaa.

Hengästymisen aiheuttama puuskutus vaihtui kuitenkin vähitellen traktorin puksutukseen. Hevonen korvattiin väsymättömällä moottorivetäjällä, joka sai myöhemmin nimekseen traktori. Zetor kyseli "tästäkötästäkö". Ferguson ja David Brown käyttivät omaa kieltään. Ihmettelyä aiheuttanut uusi kone muuttui nopeasti työkoneeksi auttamaan omien hevosvoimiensa avulla. Suomen ensimmäinen polttomoottorikäyttöinen traktori hankittiin Mustilan kartanoon Elimäelle vuonna 1908. Viisi vuotta aikaisemmin järjestettiin kyntönäytös Turussa AVANCE-merkkisellä moottorivetäjällä. Traktorien tuonti maahamme alkoi 1917 Hankkijan toimesta. Turun Rautateollisuus ja Vaunutehdas aloitti samoihin aikoihin Kullervo-merkkisen traktorin suunnittelun ja tosin lyhyeksi jääneen tuotannon.[56] Kahta eri Kullervo-mallia valmistettiin noin 500. Vuonna 1956 uusia traktoreita ostettiin noin 10 000. Näin kokonaismäärä nousi jo yli 54 000.

---

[56] Pehkonen Aarne. Professori emeritus. Lahden sukututkimuspäivä 14.11.2015.

Työkoneiden kytkentä traktoriin oli helppoa. Voimaa saatiin myös pui-makoneiden, pärehöylien, sahojen ja muidenkin laitteiden pyörittämi-seen. Työn tulos moninkertaistui. Traktori ja aura tekivät päivässä yhtä paljon kuin isäntä ja hevonen kuukaudessa. Mitä tekikään leikkuupui-muri. Suuren rakennemuutoksen seurauksia kuvatkoon muutamat seu-raavan taulukon esimerkit. Taulukon mukaan 1000 viljakilon korjuuseen vaadittiin itsekulkevalta puimurilta vain 1/280-osa sirpin ja varstan ajasta.

Taulukko 7.   Uusien menetelmien tehokkuus ehkäpä ilmenee seuraavasta vertailusta[57].

1000 viljakilon korjuuseen, kuivaukseen ja puintiin kului päivätyötä kymmenen tunnin aikayk-siköllä mitattuna. (à 10 h)	
sirpillä ja varstalla	28
viikatteella ja varstalla	9
elonleikkuukoneella ja puimakoneella	5-9
itsesitovalla leikkuukoneella ja puimakoneella	1,3-1,6
hinattavalla säkkipuimurilla	n. 0,25
itsekulkevalla säiliöpuimurilla	0,1

Taulukko 8. Koneiden teho vaikutti työllisiin ja maatilan punta-aloihin. Tehnyt: H.K.Lähde.

Vuosi	Maatalouden työllisiä	Vuosi	200:n maatilan peltokeskiarvo ha[58]
1950	610 000	2007	291 ha
1995	141 000	2009	313 "
2006	91 000	2011/2015	338 ha /422 ha

Maaseudun koneistus toi apua. Se aiheutti samalla nopeasti työttö-myyttä. Väkeä joutui siirtymään muualle työnhakuun. Maataloudesta elatuksensa saava väestö oli jo 1.1.1970 taajamien väestöä pienempi. Vä-estön muutolla oli monia seuraamuksia. Moninaiset elämään liittyvät

---

[57] Historiallinen maatalous/Heikkilä 1995, 38 <Wiking-Faria 1983.
[58] Käytännön maamies 5/2016.

172

palvelut muuttokohteissa eivät olleet heti aikaansaatavissa. Väki tarvitsi asuntoja, kulkuväyliä, kouluja, kauppoja ja muita yhteiskunnan laitoksia tavallista enemmän. Hyvinvointivaltiokin oli syntymässä. Monenlaiset olosuhteet aikaansaivat myöhemmin uuden aluejaon. Se johtui osaksi myös siitä, että kunta tuli ainoaksi alueelliseksi nimitykseksi. Kaupunki-nimitys tuli mahdolliseksi, sitä haluaville kunnille. Hallinnollinen muutos hämärsi entisestään rajaa maaseudun ja kaupungiksi kutsutun alueen välillä. Kaupunki ei ollut maaseutua, eikä maaseutu ollut kaupunkia. Ennen vanhaan kaupunkielämä oli ainakin jossain määrin enemmän määräyksillä ja suunnitelmilla ohjattua. Maaseudulla elettiin ja toimittiin enemmän luonnonmukaisen luonnollisesti ja säiden ohjaamina.

Väestön jako on ratkaistu uudella tavalla. Maaseutu muodostuu kolmesta alueesta. Ne ovat "kaupunkien läheinen maaseutu" ja "ydinmaaseutu" sekä kolmanneksi "harvaan asuttu maaseutu." Viisi vuotta sitten kunnista luokiteltiin 55 kuntaa toiminnallisesti kaupungeiksi. 65 kuntaa oli kaupunkien läheistä maaseutua, 99 oli ydinmaaseutua ja 117 harvaan asuttua maaseutua. Uusien jaotusten mukaan kaupunkien ja maaseudun ydinkeskusten ulkopuolella asui 1 329 000 suomalaista[59].

---

[59] Maankäyttö-lehti 4/2014.s.19.

Luonto ohjasi maatilan kevättä

Entisajan maaseudun elämä on sujunut sijainnista maapallollamme riippuen enemmän tai vähemmän vuodenaikojen kierron ohjaamana. Kuu kiurusta kesään oli entisajan ajankäytön hokema. Niinpä nämä leivoset saapuivatkin leikkiä lyöden. Kurjen äänen kuultuaan ei enää saanut mennä järven jäälle. Sekin oli terveellinen ohje. Kevääntuojina muuttolinnut ilmestyivät pelloille. Maalaismaisema alkoi elää talvikauden hiljaiselon jälkeen. Isännän saapas tai hevosen kavio eivät kuitenkaan enää jätä selkeitä jälkiään muheaan multaan.

Tilalla oleva suuri hiljaisena lainehtiva viljapelto sisältää lähinnä yksilajista kasvua. Eliölajien kannat ovat nykyaikaan johtavien rakennemuutosten myötä melkoisesti köyhtyneet. Luonnollinen elämä on kotikonnulta kadonnut niin ihmisiltä kuin eläimiltäkin. Missä ovatkaan nykyään pääskyset tai kottaraiset tai sitten peltopyyt ja ruiskukat. Runsaita lintuparvia ei enää näe.

Karjan kohdallakin on tapahtunut muutoksia viime vuosituhannen lopulla. Hevonen ei hirnahda enää tallissa. Ei ammu lehmä metsäisillä laitumilla. Kanala ja lampola sekä sikalakin ovat tulleet tuntemattomiksi eläinten asuntoloiksi. Digitaalisuus ja voimakkaasti tulosohjattu toiminta on aikaansaanut karjataloudessakin lehmistä maitokoneita sekä muustakin karjasta tuotantoyksilöitä. Erikoistuminen on muuttanut maaseudun ilmettä. Kansallisromantiikkakin on kadonnut.

Maatalouden vuosi oli ajastunut kalenterivuodesta poiketen satokaudeksi sanotun vuosikierron ohjaamaksi. Kevät herätti pellon. Luonnolliseen lannoitukseen liittyvät toimenpiteet ajoittuivat vielä lannanajotalkoiden muodossa talvikelien loppuun. Lannan levitys tapahtui lähempänä kevättä.

Karjataloudessa koitti emännille ja karjapiioille helpompi aika. Eläimet pääsivät huolehtimaan itse ravinnostaan laajoilla laitumilla. Aika riippui osittain kevättalven säistä. Vapun aikaan se pyrittiin liittämään ja mielellään yläkuulle. Huono sää saattoi tehdä laiduntamisen muutamiksi päiviksi osa-aikaiseksi. Laiduntamisen alku oli karjan ohella ihmisillekin riemun aikaa.

Ennen töihin työn tykö, nyt etätöitäkin

Keksintöjen seurauksena työn luonne muuttui noin puoli vuosisataa sitten lihasvoimasta konekäyttöiseksi. Työn luokse oli kuitenkin mentävä. Digimaailman vallankumous pilvipalveluineen tuntuu tuovan jo monenlaista työtä luoksemme tai muuttamassa useita toimintoja kauko-ohjattaviksi tai automaattisesti ohjatuiksi. Muutosvirrat alistavat meitä uudenlaiseen mukautumiseen entistä nopeammassa tahdissa. Aika on muuttunut yllättäväksi ja arvaamattomaksi. Digimaailma irrottaa ihmiset tallennejärjestelmineen entisajan aikataulujen ulkopuolelle. Hyvinvointimaailma muuttuu. Ihmisten ja kansakunnan talous on jo asettunut uudelle radalle. Lapsuudessani velaksi-merkkinen tuote oli paljon harvinaisempi kuin nykyään. Lyhytjänteisyyden elämyshaluja tyydyttämään saa rahaa seinästä tai puhelimella digilompakkoon. Korotkin ovat muka negatiivisia. Petturuutta on monenlaista. Tulevaisuus on osittain sen seurausta, mitä tehdään ja miten ajatellaan tänään.

Elon alkutaipaleella oli ennen vanhaankin monenlaisia päämääriä. Kuka halusi lääkärihoitajaksi, kuka lakaisukoneen kuljettajaksi. Ainakin nämä jäivät joistakin mainoksista mieleen. Nykynuorillakin tuntuu olevan valmiuksia huomiseen. Menneisyyden rasitteita ei ole haittaamassa muutoksen kehitystä. Nuoret tietävät kohtuullisesti, missä ollaan. Ehkä eduksi olisi tietää jotakin menneisyydestä. Toinen oleellinen asia on hahmottaa itselleen, millainen elomuoto tai olotila on tähtäimessä. Näillä suunta nykyasemasta on tuohon tulevaisuuden tavoitteiden laatikkoon helpompi hahmottaa. Pitäisiköhän nykyään sanoa, että laajakaistainen näkymä hahmottuu. Pilvipalveluista löytynee apuja tavoitellun elomuodon kehittelyyn. Sisältö täsmentyy kirkkaammaksi valitulla väylällä etenemisen myötä. Kenttiä saattaa olla valittavissa useita. Muitakin on samoilla taipaleilla. Heistä saattaa olla ymmärrettävästi apua oikean tolan muokkautumisessa. Oivaltaminen voimistuu ja valmius huomiseen vahvistuu. Lukkiutuneet asenteet eivät edistä tolalla pysymistä. Omavastuu ja vastuu itsestä vähentävät askelten lipsumista. Aktiivisuudella saavutetaan enemmän kuin passiivisuudella. Näiden nuorten toiminnan edistämisen kautta tulevaisuuden kuva kirkastuu myös meidän mukanaolevien ja jopa ihmiskunnan eduksi.

Toiminnan luonne ja sisältö ovat muuttuneet oleellisesti ikäisteni elinkaaren aikana. Muutos on mittava. Entisajan arkityössä korvautui kuntosalikin. Käveltiin hevosen kanssa sen rinnalla. Joskus istuttiinkin vaikkapa sontakuorman päällä sen etuosan poikkilaudalla. Tyhjillä rattailla kylätiellä seistiin hevosen askellukseen tahdittuen. Tilustiet olivat epätasaisia. Vauhti oli verkkaista. Nyt se on monin tavoin menevämpää.

Nykyistä elomuotoa ohjaa teknologinen murros. Konearmeija teki aikoinaan työvoiman avuksi tullessaan runsaasti työttömyyttä. Digitaalisuus näyttää tuottavan vaikeuksia monenlaisen uuden oppimisen osaamisessa. Se syrjii maaseutua enemmän kuin koneiden käyttöön ottaminen. Vauhti on lisääntynyt. Nettimaailma on vallannut toimintaa. Sen pilvipalveluihin ovat siirtyneet pankit, kaupat, viestinnät sekä mediat päivä- ja aikakauslehtineen. Laajat tietosanakirjatkin löytyvät nopeasti. Kaikkia voi hyödyntää heti ja lähes missä vain. Pikku laite näyttää kartat ja kertoo maailmalle, missä olen.

Lukemattomat toiminnat tulevat luokseni jostain pilvipalveluiden digiavaruudesta. Itsekin pääsen näkölaitteiden avulla kulkemaan oikeantuntuisesti paikallani seisten karttojen avulla maailmalla. Maanmittauspäivillä Seinäjoella pääsin liikkumaan "silmälasit" päässä säädin kädessä pitkin katuja. Pistäydyin parin vuosikymmenen aikana tutuiksi tulleissa kaupungin rakennuksissakin. Tuttuus toi oman tunteen. Liikkua olisi voinut kotikylässänikin, jos olisi ollut tarpeellista materiaalia käytössä.

Geenien johdatuksilla luonnollisesti synnyinsijoilleen

Luonnon ja sen eläinten ihmeellisiä tapahtumia kohtaa maaseudun elomuodossa aika usein luonnollisesti. Lapsuusajan elomuodon geenien kutsu on elollisilla olioilla varsin voimakas. Se ohjaa pääskysen synnyinräystäänsä alle. Se luotsaa kurkia ja joutsenia omille kotikonnuilleen. Lohet ja ankeriaatkin taittavat vaikeita taipaleita sukunsa syntymäseuduille. Miksipä ei sitten ihminen hakeutuisi kesäkyläilyn mahdollistamiin, monipuolisesti erilaisiin luonnollisiin oloihin.

Tämä kirja kertoo sanoin ja kuvin sydämen seimen laareihin tallentuneita maaseudun menneisyyden siemeniä tuottamaan uutta satoa. Itse kunkin muistot mullittavat mukavasti lihasvoiman ja omavaraistalouden ajan elomuotoa. Nyt tapa on hiipuneena tallentunut museoiden ja arkistojen hempeiden lehtojen maaseudun osa-alueina lajiteltuihin laareihin.

Yksittäiset tapahtumat eivät entisaikaankaan olleet irrallisia. Ne muodostivat useimmiten lyhyitä kokonaisuuksia tai joskus hyvinkin pitkiä lopputulokseen johtavia tapahtumaketjuja. Silti niihin liittyi paljon irrallista ajattelua. Se on ominaisuus, joka antaa tilaa ja mahdollistaa ideointia luovaa ajatustoimintaa. Kokonaisuuksien koostumuksia on monenlaisia. Niitä voidaan lähestyä useista näkökulmista. Tulosten toteuttaminen on varsin ajankohtaista ja yhtäaikaista. Taitojen taltiointi ja kokemusten kerääminen oli tapahtunut aikaisemmin. Rituaalisuuttakin niissä oli.

Juurista kasvaa puu. Kehittyy oksia. Ne ryhtyvät tuottamaan hedelmiä. Ihmisen sukupuisto on merkittävä ideametsä tuottamaan perinteisesti hyviä hedelmiä. Joskus ymppääminen ja varttaminen auttavat laajentamaan hyvien tulosten tuottamista.

Vuosisadan loppupuolisko vauhditti muutosta

Itsenäisyytemme ensimmäinen vuosisata on sisältänyt merkittäviä muutoksia alueellamme ja yhteiskunnassamme. Niitä on ollut enemmän kuin vuosituhansien aikana yhteensä. Peltoviljely loi aikoinaan pohjan kiinteälle asutukselle. Isojaoissa merkittiin kylä- ja talojärjestelmä kokonaisuudessaan maastoon. Pohja kulttuurimme kehitykselle oli luotu. Vuosisadan muutoksen keskipisteeksi on kiteytynyt 1960-luku. Siihen sisältyy monella tavoin maaseudun elomuodon käännekohta. Kummankin puoliskon aikana on tapahtunut omalle ajalleen ominaista kehityksen kaarta. Ensimmäisen puoliskon aikana lihasvoimainen työ muuttui konevetoiseksi. Toisen puoliskon pääsuuntaus on ollut konetoiminen erikoistuminen usein yhden lajin tuottajaksi niin kasvi- kuin eläinkunnassakin.

Itsenäisyytemme alkuvuosikymmenet olivat monipuolista kasvun kautta. Sotien jälkeen alkanut koneellistuminen oli päässyt sekä talouskeskuksen alueella että maatalouden puolella hyvään vauhtiin. Seurauksetkin olivat jo nähtävissä. Metsätalous otti ensiaskeliaan konekannan kehityksessä maataloutta hitaammin. Tuloksena oli jo vähän yllättävän nopea rakennemuutos kaikilla kolmella tarkastelun alueilla. Muutoksen nopeutta ja vaikutuksia seurattiin toivotun ja odotetun tarpeellisen avun näkökulmasta. Sen seurauksia ei hevillä huomattu. Lähes väsymättömän koneen ahmiessa haltuunsa jopa kymmenien ihmisten työt, kuten leikkuupuimuri teki, havaittiin vähitellen koneellistumisen muutoksen heijastukset niin maaseudulle kuin asutuskeskuksillekin. Suuret ikäluokatkin varttuivat tuomaan oman osuutensa maaseudun huomiseen.

Muutos-nimikettä käyttävä toiminnanohjaaja on kulkenut kautta aikojen ihmiskunnan kanssa. Vuosituhansia hän kuului verkkaisesti kulkevaan ihmiskunnan elomuotoon. Seurasi toimintaa niin kuin mekin lapsena. Varttui olemalla mukana pienestä pitäen. Viime sotien jälkeen muutosohjaaja oli kai varttunut jo terhakkaaksi nuorukaiseksi. Hän havaitsi mielestään, että oli mukana kalkkisten elomuodossa. Tuli traktorilla mukaamme. Vauhti ei tyydyttänyt. Siirtyi lennokkaampaan etenemismuotoon. Siipien kantaessa uutuuksien nälkä kasvoi. Toiminnanohjaaja kaappasi langattoman avaruuden käyttöönsä. Viestintämuodot mullistuivat.

Nuoruudessani kirjoitettiin kirjeitä postin kuljetettavaksi ja vastaus tuli aikanaan. Joskus tuli lankoja pitkin kulkeva äänipuhelu. Langattomuus on vallannut alaa. Nyt paketitkin kulkevat robotoidusti ilmateitse. Nyt tuo muutosherra on vallannut avaruudenkin käyttöönsä. On kietonut toimintamme näkymättömin sitein unelmiemme ulkopuolisiin pilvipalveluihin. Kuljimme sotien uuvuttamina pikaratkaisuihin ja otimme käyttöömme tarjolla olevat apuvälineet. Matka edistyi silloista nykyisyyttä auttaen hämärään huomiseen. Nyt olemme joutuneet lähes täydellisesti muutosherran yhä kiihtyvän toiminnan talutusnuorassa kulkemaan enemmän omien ohjaustoimintojemme ulkopuolella. Se on kai uudenlaista yhteistoimintaa muutosherran paimentamassa ihmislaumassa. Virtuaalinen isoveli toimii teknisenä paimenpoikana. Se tallentaa tiedon aina kun älylaitetta kosketamme ja sen kanssa liikumme.

Oohoo sentään tät maaliman menua, sanoisi varmaan monesti muistelemani Soiman mamma.

Olemmeko me kronologisestikin ansioituneet sokeutuneita yhteiskunnan uusiutuneen elomuodon syövereissä? Alkaako tuo tietämys olla varsin vaikeasti ymmärrettävissä? Esivanhempamme ovat kuitenkin luoneet omassa nykyisyydessään perustan meidän nykyisellekin nykyisyydelle. Tekniikka on mahdollistanut samojen toimenpiteiden suorittamisen uusiutuneella tavalla. Sen seurauksena tulosta syntyy eri tahtiin. Mustavalkoisen television katselu on nykyään mahdollista värillisenä jopa pikku kännykällä.

Arvostammeko me tätä vanhaa perintöä? Se on osa yhteiskuntamme pitkäaikaisinta maatalouspitoista kulttuuria maaseudulla. Se alkoi vuosituhansia sitten ihmisen asettuessa paikalleen luontoa viljelysmaaksi muokkaamaan. Tänään tuo kaiken tarvitsemamme energian lähtökohta on edelleen siellä maaseudun mullassa. Haluammeko taltioida pisimmän perinneketjun jatkuvaksi tuleville polville. Mielestäni se on sukupolvemme tärkeä tehtävä. Ei minun. Mutta haluan olla omalta osaltani mukana korteni tuohon tallentamisen kekoon. Se on osa kunnioittavaa kiitostani kotikonnulleni sen antamista elämäni juurista.

Toivon tämänkin taltioinnin auttavan isovanhempien keskustelua lastenlapsiensa kanssa mumman ja vaarin aikaisesta elämästä.

Supertuotanto talouskeskuksen hyörinän hävittäjänä

Vuonna 1970 maaseudulta elatuksensa saanut väestönosa oli pudonnut jo alle puoleen koko väestöstämme. Raju rakennemuutos oli alkanut. Yli miljoona kansalaistamme joutui muuttamaan asuinpaikkaansa runsaan vuosikymmenen aikana. Muita arjen työpäiviä lyhyemmästä lauantaista tuli vähitellen toinen vapaapäivä viikonloppuun. Se ei kuitenkaan ollut mahdollista läheskään kaikille. Ihmisten ja eläinten monista toiminnoista tuli pitää huolta. Vuonna 1971 syksyinen koulunkäyntikin tuli viisipäiväiseksi viikoksi. Kellon mukaan ajoitettu työkulttuuri eteni lähes koneellistumisen tahtia seuraten. Maaseutua se ei sekään juuri koskenut. Sieltä oli muutettava muualle tutustumaan uuteen kulttuuriin, missä työ ja vapaa erottuivat toisistaan enemmän. Lisääntyneellä vapaa-ajalla oli monenlaisia heijastusvaikutuksia myös haja-asutusalueiden elämään.

Kuva 84. Pääskysestä ei päivääkään kesään, sanottiin ennen vanhaan. Mutta mihin ovat nämä maalaiskylän kesäasukkaat muuttaneet. Maatilan talouskeskus on vaipunut vanhuuden lepoon. Ihmiset ja eläimet ovat poistuneet. Maat ovat siirtyneet supertuotannon palvelukseen Kuvat: H.K.Lähde.

Karja maidontuottokoneina kohti ennätystuloksia

Perinteinen karjatalous koki viime vuosisadan aikana maatalouteen läheisesti liittyvänä samankaltaisia muutosaskelia. Osittain ne olivat karjatalouden omaa kehitystoimintaa. Karjaa ja toimintaa jalostettiin eri tahoilla. Yhteisvaikutus koettiin arjen toiminnassa. Viime vuosisadan puolivälissä vallitsi selkeä kahtiajako laidunkauteen ja talviruokintakauteen. Se on muuttunut sisäruokintapainotteiseksi.

Suomenkarja vastasi hevosten puolelle kehittynyttä suomenhevosten rotua. Pari vuosisataa sitten karja, lanta ja niitty muodostivat kolmiyhteyden. Karjan piti tuottaa sopiva määrä lantaa niittyalalle, joka tuotti ravinnon karjalle. Yhden lehmän lanta riitti noin puolen hehtaarin peltoalan lannoitukseen. Lehmä puolestaan tarvitsi talviruokintakautena vajaan kahden hehtaarin niittyalan tuotannon. Niittyheinä oli luonnon tuottamaa ei-viljeltyä heinää. Nämä vertailut liittyvät kokonaan 1800-luvun alkupuolen elomuotoon. Tuolloin karjaa pidettiin lähinnä omavaraistalouden tarpeisiin. Voin viennistä seurasi tehokkuusajattelun itäminen. Noin vuosisata sitten alkoi muodostua merkittävä tarve saada karjatalouden tuotteita entistä enemmän myyntiin. Väkilukummekin kasvoi koko ajan.

Lypsykarjatalouden päämuuttujat 1960-2015

Tuotannontekijä	1960	1980	2000	2015
Maidonlähettäjiä	243 400	91 400	22 200	8 100
Lypsylehmiä	1 180 000	719 500	364 100	284 900
Maidontuotanto: milj. litraa	3 400	3 174	2 450	2 309
Vuosituotanto litraa / lehmä	3 000	4 478	6 786	8 100

Taulukko 9. Yllä oleva taulukko osoittaa maataloutemme lypsykarjaan liittyvät muutokset itsenäisyytemme ensi vuosisadan toisella puoliskolla. 1960-luvulla oli eniten maidonlähettäjiä, lypsylehmiä ja myös maitotuotannon huippuluvut. Vuonna 2015 ne olivat alhaisimmat. Lehmäkohtainen tuotos oli 1960 alhaisin ja vain runsas kolmannes vuoden 2015 huippuluvuista vuonna 2015. Lehmän tuotanto hipoo jo uskomatonta määrää. Tiedot: XVIII Suomalaiset historiapäivät 11.2.2017. dos. Touko Perko. "Maidosta hyvinvointia." Kuva: H.K.Lähde.

Tuotantosuunnat 2014

1.	Viljanviljely	36,4 %
2.	Muu kasvinviljely	23,8 %
3.	Lypsykarjatalous	15,3 %
4.	Nautakarjatalous (lihantuotanto + emolehmat)	7,2 %
5.	Muu laidunkarja (hevoset, lampaat, vuohet)	6,0 %
6.	Puutarha- ja kasvihuoneviljely	4,5 %
7.	Sekamuotoinen tuotanto	4,3 %
8.	Sikatalous	1,8 %
9.	Siipikarjatalous	0,8 %

Kuva 85. Taulukosta ilmenee eri tuotantosuuntien keskinäiset suhteet vuonna 2014. Tiedot: XVIII Suomalaiset historiapäivät 11.2.2017 dos. Touko Perko. "Maidosta hyvinvointia.Kuva: H.K.Lähde.

Karjarotua jalostettiin. Kyyttö on peräisin itäsuomalaisesta maatiaiskarjarodusta. Suomenkarja on myös vanha suomalainen lehmärotu. 1800-luvun lopulla alettiin kehittää uusia rotuja. Tuloksena olivat ruskeat länsisuomalaiset ja itäsuomalaiset kirjavat sekä pohjoisen alueen vaaleammat lehmät. Viime vuosisadan lopulla tuotiin maahamme uusia rotuja. Mustavalkoiset friisiläislehmät erottuivat hyvin muista.

Satatonnareista 150-tonnareihin

Papu -- 150-tonnari Haapavedeltä

- rotu: holstein-friisiläinen
- saavutti 150 000 tonnia 2015
  160 000 tonnia 2016
- keskituotanto 13 777 litraa / v
- ennätys 17 311 litraa vuodessa
  (keskiarvo 56,7 l päivässä)
- tuotantokausi 305 päivää / v
- poikinut 9 kertaa

Kuva 86. Todellinen ajan maitotehdas on löytynyt Haapavedeltä. Kuva Suomalaisilta historiapäiviltä Lahdesta 2017.

Uusien viljelymaiden raivaus oli tärkeää. Sitä vauhdittivat monet asutustoiminnat maamme pääsuuntausten ja sotamenetysten johdosta. 1920-luvun asutustoiminnot merkitsivät maamme pientilavaltaisuuden rajua kasvua. Sitä vauhdittivat sotien aiheuttamat asutustoiminnat. Vähän vajaan viidenkymmen vuoden aikana tilamäärä saavutti huippunsa.

182

Peltojen määräkin oli yltänyt pinta-alansa huipulle. Tuloksena oli 1960-luvulle tultaessa tilanne, jossa useammalla kuin yhdeksällä tilalla kymmenestä oli lehmiä. Seitsemän taloa toimitti maitoa meijereihin. Vuoden 1959 viljelmämäärästä oli pari vuotta sitten jäljellä vain 15 prosenttia. Keskikoko on noussut yli viisinkertaiseksi eli 44 hehtaariin. Viidenneksikymmenenneksi suurin viljelmä oli 445 hehtaarin kokoinen. Tuhannes tilakin ylti "Käytännön maamies" lehden n:o 5/2016 mukaan vielä selvästi yli 170 peltohehtaarin. Peltoala oli kuitenkin supistunut viidenneksellä suurimmasta alastaan. Lypsykarja koki myös suuria tehostumia.

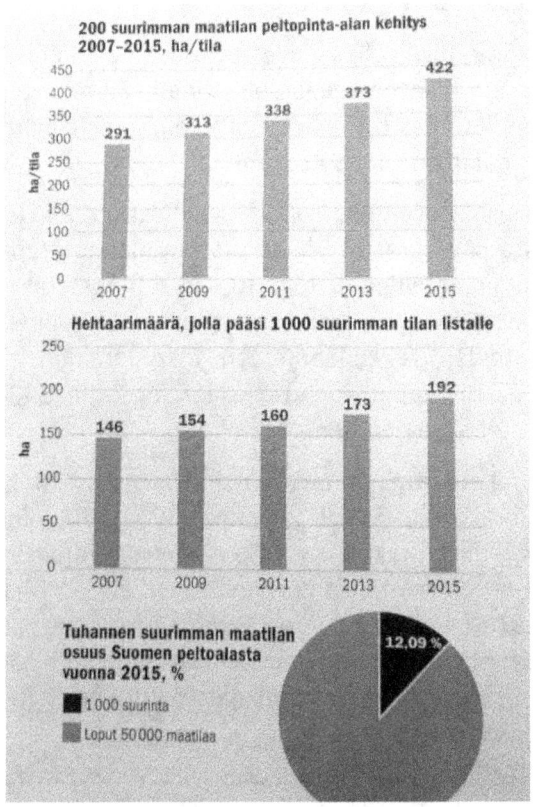

Kuva 87. Puuttumatta asiaan sen enempää kopioin tähän kuvan Käytännön maamiehestä 5/2016.

Maataloudessa on pientiloja edelleen runsaasti. Niihin kuuluvan peltoalan osuus on vuonna 2015 ollut 8 prosenttia koko pinta-alasta. Suurtilojen määrä on kuitenkin kasvanut selvästi.

Valtasuonien kehitystä moottoriväyliksi

Aikaisemmin mainittiin jo tulihevonen Lemminkäisen kiskoman ensimmäisen rataosuuden vihkiäisjunan tulo Hämeenlinnaan 31.01.1862 kello 11. Rautatiestö laajensi matkustusmahdollisuuksia ja voimisti saman kellonajan käyttöä alueellamme. Vuonna 1870 valmistui rata Riihimäeltä Pietariin. Yhteys Tampereelta Toijalan kautta Hämeenlinnaan ja Toijalasta Turkuun tuli 1876. Vuosisadan loppuun mennessä myös Seinäjoki ja Vaasa sekä Oulukin pääsivät Haapamäen kautta Tampereen yhteyteen. Rataverkosto alkoi sähköistyä vuonna 1965.

Rataverkoston rinnalle alkoi viime vuosisadan alkupuoliskolla kehittyä motorisoitu maantieliikenne. Ikää tiehistorialla on rautateitä enemmän. Suuri rantatie eli Kuninkaantie Turusta Viipuriin sai alkunsa jo 1300-luvulla. Postilinjanakin on vuosisatoja vanha.

Maaseudun asukkaille tuttu kylätie esiintyy käsitteenä jo vuoden 1735 kuninkaallisessa päätöksessä. Sillä sälytettiin maanmittauslaitoksen tietojen mukaan maanteiden tekovastuu ja kunnossapito maaseudulla manttaalinomistajille. Kyläteiden vastuurasitus tuli vain teitä käyttäville taloille. Maanteiden ja kunnanteiden rakentaminen siirtyi valtiolle vuonna 1918. Yleisiin teihin kuuluvia kyläteitä otettiin 1900-luvun puolivälissä paikallisteinä valtion tienpidon piiriin.

Tieverkoston kehittäminen alkoi varsin vesiperäisesti. Ruotsin kansalaisina ollessamme perusti kuningas Kustaa IV Adolf Kuninkaallisen Suomen koskenperkausjohtokunnan 1799. Siirryttyämme Venäjän osaksi keisari Aleksanteri I perusti Suomen koskenperkausjohtokunnan vuosiksi 1816–1840. 1920-luvulla syntyi uusi valtionvirasto vuosiksi 1925–1964. Se oli tuttu TVH eli Tie- ja vesirakennushallitus. Tiestön kilometrimäärät kasvoivat lähes kolmanneksella parin vuosikymmenen aikana.

Taulukko 10. Maamme tieverkosto kilometreinä vuosilta 1920-40

Vuosi	Maanteitä	Kunnanteitä ja kyläteitä	Yhteensä
1921	24 600	23 400	48 000
1931	29 354	25 895	55 249
1939	33 775	34 631	68 136

184

Moottoreilla toimiva liikenne oli itsenäisyytemme alussa varsin vaatimatonta. Liikkuminen tapahtui jalan tai hevosilla. Apuna oli lisäksi veneitä, suksia, luistimia, kelkkoja ja jonkin verran polkupyöriä. Teihin kohdistuvat vaatimukset olivat varsin vähäisiä. Ihmisten liikkuminen yleistyi sotiemme jälkeen. Motorisoituminen edellytti uudenlaisia liikenneväyliä. Tarvittiin leveämpiä ja pinnaltaan parempia kulkuväyliä.

Moottoriajoneuvoille kulkukelpoisia maanteitä oli 1920-luvulla maassamme alle 30 000 km. Pienemmät autot pystyivät kevyempinä kulkemaan pienemmillä perusteilla. Kuorma-autot ja linja-autot tarvitsivat jo leveämpiä kulkuväyliä. Näiden autojen ja kuormien painot välittyivät akselin pyörien kosketuksien kautta pienen pinnan alueella. Siksi tiestön tuli kestää nämäkin paineet ja painot.

Siltojen kantavuus vaikutti merkittävästi isojen autojen liikennöintiin. Tällaisia teitä oli ehkä noin viidennes. Sorateiden päällysteitä kokeiltiin muutaman kilometrin matkalla 1920-luvulla. Tien kantavuuteen ei kuitenkaan vaikuttanut pelkkä päällystäminen. Kantavuus oli varmistettava syvemmillä osasilla.

Autojen määrät olivat vähäisiä koko viime vuosisadan alkupuoliskon aikana. Määrä lisääntyi merkittävästi vasta 1950-luvulla. Ajoneuvomäärien kasvu ilmenee tarkemmin seuraavasta taulukosta.

Taulukko 11. Erilaisten autojen lukumäärät vuosina 1940-70 Autoalan tiedotuskeskuksen mukaan.

Vuosi	Henkilö-autot	Pakettiau-tot	Kuorma-autot	Linja-autot	Muut	Yh-teensä
1940	8 824	1 391	14 464	2 482	0	27 161
1950	26814	3 299	26 12	3 539	1 092	61 256
1960	183 409	19 751	45 39	5 778	2 115	256 892
1965	451 731	35 608	43355	6 927	3 450	541 071
1970	707 218	56 220	45881	8 093	4 971	822 383

Maanteiden joukkoliikenne alkoi, kun "Suomen ensimmäinen linja-auto lähti Turun ja Uudenkaupungin väliselle reitille joulukuussa 1905."[60] Tarkkoja reittejä tai pysäkkipylväitä ei ollut puhumattakaan linja-auto-asemista ja matkahuolloista. Tampereelta ajoi Lammin kirkonkylän kautta ensimmäinen kaukoliikenteen linjan auto Lahteen vuonna 1922.[61]

Linja-autoasemia alkoi valmistua 1930-luvulla. Turku sai aseman vuonna 1938. Tampere sai eri asemat laituripaikkoineen itään ja länteen suuntautuvalle liikenteelle 1929 bensiiniasemien yhteyteen. Vuonna 1930 Hämeenlinnan Rantatorille rakennettiin asema, jossa oli ainakin yhtä hyvät palvelut kuin nykyään. Lahden vanha linja-autoasema valmistui vuonna 1939. Liikenne siirtyi matkakeskukseen vuonna 2016.

---

[60] Rakennusperinto.fi.
[61] UUSI LAHTI 6.1.2016.s.4.

Huvilaelämä muokkasi maaseutua

Mikään uusi tapa ei huvilaelämä ole. Osa maaseudun elomuodosta pursuavia mahdollisuuksia on aina ollut luonnon virkistävä hyötykäyttö. Siksi syntyi Turun Ruissalon ja Hangon huvilayhdyskuntia. Kesävieraiden pitoa on harrastettu maaseudulla pitkään. Aittamajoitustakin on harrastettu. Sotien jälkeen huvilaelämä kansanomaistui vauhdikkaasti.

Taajamien asukaskasvu ja lyhentynyt työaika lisäsivät vapaata. Uusi enemmän kellolla ohjattu elomuoto heijastui maaseudun oloihin. Luonnon antimista, raikkaasta ilmasta ja auringosta nauttiminen sai seurakseen monenlaista puuhastelua. Mukavuuden tarve oli lisääntynyt. Autoistuminenkin tuli yleisemmäksi. Monilla oli ehkä vetoa synnyinseuduilleen. Luonnonläheinen elomuoto sai taajamille tuttuja mukavuuden piirteitä. Monissa kunnissa jo kesämökkiläisiä omia asukkaita enemmän.

Maaseutu on ainakin toistaiseksi edelleen kaiken ihmiskunnan ja muun eläinmaailman tarvitseman energian alkulähde. Kaikenlainen maaseutu tuntuu tietysti luonnollisemmalta luonnolta kuin asutettu alue. Tosin maaseutuakin on muokattu ja rakennettu. Se on kuitenkin edelleen tulvillaan luonnollista luonnollisuutta. Siinä on paljon hellästi hoidettavaa kuin perhosen siipinukka. Sitä olisi meidän monien syytä pysähtyä hetkeksi katsomaan ja ehkä tallentamaan oman muistimme lokeroihin.

Vuonna 1950 huviloita oli noin 40 000. Kymmenen vuotta myöhemmin määrä oli jo kaksinkertaistunut. Sadan tuhannen raja ylittyi 1962. Vuonna 1980 mökkien määrän oli 251 700. Puoli miljoonan ylitys osoittaa, miten luonnosta ja luonnon antimista nauttiminen on monin tavoin lisääntynyt. Kalat ja marjat sekä sienetkin ovat saaneet tilaa ruokapöydissä. Maaseudun rauhallinen hiljaisuus antaa aistiemme havaittavaksi hiljaisuuden ja aidon pimeyden. Maalla voi nauttia hengityksen helppoudesta vienossa tuulen henkäyksessä tai sen puhkuvassa puhurissa. Voi kuulla huuhkajan huhuilun tai käen kukunnan sekä sirkan soittelun. Silmätkin saattavat levätä tai taltioida ihania näkymiä ilta-auringon riutuvassa katoamisessa taivaanrannan taakse suomalaisen suven suloisessa illassa laineiden liplatellessa. On yltäkylläistä nautintoa kaikille aisteillemme rantasaunan löylyjä unohtamatta. Säilyttäkäämme luontomme terveellisenä ja puhtaana luomuluontona tulevillekin sukupolville.

Kylän putoajia: koulu, kauppa ja kuljetus

Viime vuosisadan puolivälissä nopeasti voimistunut koneellistuminen aiheutti laajan maassamuuton. Maaseudun asukasmäärä väheni nopeasti. Vuonna 1970 asutustaajamien väestö kohosi maaseudun väkimäärää suuremmaksi. Samaan aikaan oli suomenhevosten määrä pudonnut yli 400 000 hevosesta lähes viidennekseen eli noin 90 000 hevoseen. Työelämän rakennemuutokset vauhdittuivat. Maa- ja metsätalouden väki väheni. Työvoimaa siirtyi teollisuuteen ja palveluelinkeinoihin. Niissä työ oli maatalouteen verrattuna fyysisesti vähemmän raskasta ja uuvuttavaa. Maatalouden työvoimatarve jatkoi vuosikymmenien ajan vähenemistään. Teollisuus alkoi lievästi supistua. Samaan aikaan tapahtui tietotekniikan tulo työelämään. Työllisyys kasvoi voimakkaasti. Julkisiin palveluihin tuli 200 000 työpaikkaa. Terveydenhoitoala tarvitsi paljon uutta työväkeä. Erityisesti naisten määrä työtehtävissä kasvoi.

Kyläelämän toimintaan vaikuttivat ehkä voimakkaimmin koneet, kauppa ja koulu. Yhteisön toiminta pohjautuu monimuotoiseen verkostoon. Niiden osa-alueet riippuvat toisistaan. Kuitenkin kun yksi osanen alkoi riutua, niin se riudutti lopulta muitakin. Koneellistumisen aiheuttamaa työpulaa seurasi maalta muutto ja edelleen kauppojen katoaminen sekä kyläkoulujen lopettaminen. Nopea muutos riistäytyi osittain ennakolta hallitsemattomaksi. Aikanaan kokonaisuuteen tunkeutui myös rahalla mittaaminen. Se ulotti valitettavasti vaikutuksensa myös sellaisiin asioihin, joita ei voi täydellisesti rahalla mitata. Ihminen joutui asiasta kärsimään.

Asioita ei kuitenkaan voi katsoa nykyisen elomuodon näkökulmasta. Mitä enemmän pääsemme mukaan kunkin tapahtuneen aikaiseen olooon, sen paremmin voimme nähdä ja ehkä ymmärtää, miksi näin tapahtui. Täydellisyyteen emme kuitenkaan pääse.

Itse sain kiitolliset eväät elämän uralleni maatilalta ja kyläyhteisöltä. Sain toimia aikani maaseudun väestön kanssa eri tehtävissä. Olen ollut mukana sukupolvissa, jotka ovat joutuneet tai saaneet kokea ainakin toistaiseksi rajuimmat muutokset yhteiskunnan toiminnassa. Ohjausta tulevaan oli saatu jo 1800-luvulla koneiden ja opetuksen avulla. Maailmansodat ja niiden seuraukset pysäyttivät valmistautumisen ja aiheuttivat avun tarpeen nopeutumisen. Asiavyyhti on kuitenkin kokonaisuus.

Ennustaminen on vaikeata, erityisesti tulevaisuuden ennustaminen. Me tiedämme enemmän kuin tapahtumien toteuttamisen aikaan live-eläneet kansalaisemme. Olemme eläneet todellisuudessa, jota he eivät oivaltaneet tulevaisuudestaan. Emmehän mekään vuosia sitten oivaltaneet montaakaan digimaailman toimintaa tai maahamme muuttajien määrää.

Kylä on ollut maaseudun perusyksikkö asumakylineen. Kylä on ainoa rajansa samoina säilyttänyt alueellinen jako. Sen vaikutus kokonaisuuteen on hiipunut. Rajat madaltuivat ja osittain myös poistuivat yllättävän nopeaa tahtia. Eurooppa ja maailma avasivat samalla toimintakenttiä. Elämä kylissä oli yhteisöllistä. Talkootoiminta ja naapuriapu toimivat niissä joidenkin muiden asioiden ohella eräänlaisena yhteistoiminnan liimana. Asumakylä oli kyläkohtainen kotiseutu. Entisajan kylätappelutkin osoittivat omalla tavallaan kotipaikkaylpeyttä. Koneellistumisen myötä talkootoiminta on lähes kokonaan hiipunut kylistä.

Yhteisöllisyys on itänyt kuitenkin monissa asumakylissä saaden aikaan uudenlaista yhteistoimintaa. On johtanut jopa yhdistysten syntymiseen ja viralliseen rekisteröitymiseen. Kylätoimintaa on tilastojen mukaan lähes 4000 kylässä. On tullut uudenlaista kulttuuria maaseudulle. Vanha agraarikulttuuri on joutunut väistymään. Kulttuurin muutos on johtunut osittain myös työajan ja vapaa-ajan erottumisesta toisistaan.

Isoja asioita olivat koulutus sekä tavaran ja tiedon kulku. Kyläkoulu oli paikka, jossa lapset oppivat lukemaan ja laskemaan. Se oli tärkeä osa koko kyläyhteisöä, oikeastaan kylän elinvoimaisuuden symboli. Kyläkouluja oli vielä vuonna 1990 yli 2000. Kymmenen vuotta myöhemmin lukumäärä oli 1300 ja vuonna 2010 enää noin 600. Koulut ovat kylien keskuksia, juhlien ja eri tapahtumien järjestämispaikkoja. Ne ovat toimintakeskuksia ja sosiaalisten siteiden ylläpitopaikkoja.

Postilaitoksen historia sai alkunsa Ruotsin vallan aikana. Viestejä välitettiin monin tavoin. Postitoimipaikkoja oli sekä maaseudulla että kaupungeissa 1970-luvun alussa 4700. Vuonna 2010 niitä oli enää noin tuhat.

Hyvän palvelun kyläkauppa ja myymäläauto

Kyläkauppa on varsin vieras käsite monelle nykyihmiselle. Jotkut muistavat sellaisen ja monella kirpoaa muistoja mieleen niiden toiminnasta. Se on luonnollista maaseudun elomuodossa. Kyläkaupat elivät merkittävintä aikaansa noin puoli vuosisataa sitten. Ne olivat aikansa erinomaisia supermarketteja. Pula-ajan hellitettyä niissä oli mittava marketin tavaravalikoima. Itse kauppapuodista löytyi tavaraa hevosenkengistä ja saapasrasvasta pieniin jauholaareihin ja jopa maidonmyyntiin asti. Jos ei kaupassa ollut, niin pihan toisella puolen olevasta varastosta löytyi yhtä ja toista. Kolmas vaihtoehto oli: "Huomenna tulee." Kyläkauppiaan päivät muodostuivat pitkiksi, ja oma leipä oli tiukassa. Aukioloaikoja jatkettiin takaoven kautta. Kaupan pitoonhan liittyi muutakin kuin myymistä.

Kylämarketteja oli 1980-luvulla yli 3400. Vuosituhannen vaihteessa lukumäärä oli jo hiipunut selvästi alle tuhannen. Nykyään lähennellään ilmeisesti jo paria sataa. Isompi markettijärjestelmä alkoi tulla kilpailijaksi 1970-luvulla taajamien asukasluvun ylittäessä maaseudun asukkaiden määrän. Kyläkaupoilla oli useita muitakin erinomaisia ominaisuuksia. Kauppias tunsi asiakkaansa. Kauppa oli aikoinaan myös paikka, missä ihmiset tapasivat toisiaan. Posti oli toinen vastaava ja myöhemmin maitolava, joka toimi myös nuorison tapaamispaikkana.

Kyläkauppojen toimintaa täydensivät monet myymäläautot. Ensimmäisen myymäläauton perusti Osuusliike Elanto Helsinkiin vuonna 1932. Määrä kasvoi hitaasti, mutta elpyi 1950-luvulla. Yli 1200 myymäläauton määrä saavutettiin 1970. Se väheni tuhatluvun lopulla jo alle sadan.[62] Hämeen ilmeisesti ensimmäinen myymäläautoilija oli Urho Kaari eli Bågan Urho Lammin/Padasjoen Lieson Neroskulmalta. Hän aloitti toiminnan pienellä koppiautolla vuonna 1951. Muistan hyvin, kuinka Urhon aikataulu sovitettiin kesällä muuhun toimintaan. Maaseudulla kulki lisäksi kauppiaita hevosvetoisilla kärryillä sekä myös erilaisilla pyörillä.

Perustettujen suurten supermarkettien tavaravalikoima oli tietysti laajempi. Ne kilpailivat myös hinnoillaan. Periaatteena oli "Hoida asia itse, saat halvemmalla." Tottakai näin varmaan oli, mutta siitä unohtui sen kylässä edelleen asuvan matkakulut kaupungin markettiin.

---

[62] Jussi Lehtonen. Tekniikan waiheita.1.05/Palvelut pyörillä. Liikkuvien palvelujen kehitysvaiheita

Ennen vanhaan puhe kulki pitkin lankoja

"Keskus – Saanko vaikkapa Hippiäiselle, kaksi soittoa – Yhdistän- Puhelu". Muistatko vielä oheisen mallisen keskustelun menneiltä ajoilta. Itse olin jo rippikouluikäinen, kun kylän puhelinkeskuksen johto keskuksen seinästä kulki tolpasta tolppaan ja lopulta talon seinään ja siitä sisälle. "Yhdistän"-lupauksen jälkeen keskuksenhoitaja pyöritti kampea ja soittoääni helähti vastaanottajan tuvan seinällä olevassa laitteessa. Sitä seurasi vastaaminen. Puhelu päättyi torven paikalleen asettamiseen ja loppusoittoon. Joka taloon tarvittiin oma lanka. Samaa lankaa käytettäessä tuli yhteen taloon yksi soitto ja toisen talon puheluun kaksi soittoa. Vuonna 1950 maassamme oli tilastokeskuksen mukaan kuusi lankapuhelinta/100 asukasta. 1970 määrä nousi jo 20/100 asukasta ja1975 30/100 asukasta.

Kuva 88. Puhe kulki ennen vanhaan lankoja pitkin keskuksesta pylväiden kautta talon seinäpuhelimeen.Kuvat:H.K.Lähde.

Kuva 89. Lankapuhelimien aikaan ja ennen puhelinkeskusten automatisointia soittajan kammen vei-
vaaminen hälytti keskuksessa. Vastattuaan keskuksenhoitaja kuuli soittajan pyytävän yhteyttä tiet-
tyyn taloon. Keskus yhdisti piuhan soittajan reiästä vastaanottajan reikään ja veivasi kammesta. Vas-
tauksen saatuaan puhelu yhdistyi. Kuva keskuksesta:H.K.Lähde.

Lankapuhelin toimi kahden puhelinlaitteen välillä alueellisten keskuk-
sien kautta. Eri alueiden asukkaiden väliset puhelut kulkivat useiden kes-
kuksien kautta. Keskushenkilö yhdisti soittajan puhelinlangan töpselin
avulla vastaanottajan puhelinlankaan. Kahden keskustelijan välille muo-
dostui puhelun ajaksi kiinteä yhteys. Siihen ei muilla ollut pääsymahdol-
lisuutta. Sentraalisantraksi kutsuttu keskuksen hoitaja oli varsin keskei-
nen henkilö kyläyhteisössä. Jotkut pitivät häntä hyvänä uutislähteenäkin.

Paikallisten keskusten lisäksi toimi myös valtakunnallisesti laajempi
valtion järjestelmä. Langaton ARP eli autoradiopuhelin tuli käyttöön
vasta 1970-luvulla. Keskukset alkoivat automatisoitua Helsingistä alkaen.
Viimeisin keskus automatisoitiin vasta 1980-luvulla. Gsm-puhelut tulivat
mahdollisiksi vasta 1990-luvulla. Tällaisia harppauksia tiedonvälitykses-
säkin on ollut useita.

Ihminen luo laitteisiin toiminnan ohjaajia

Ihminen kouluttautui sekä kehitti koneita oman toimintansa avuksi. Niitä tuli käyttöön eniten tavallisille maatiloille viime vuosisadan puolivälin jälkeen. Ensimmäiset koneet lisäsivät lähinnä ihmisten ja vetojuhtien voimaa. Kone oli väsymätön. Näistä muutoksista on jo kerrottu edellä monissa kohdissa. Jo nämä toiminnat saivat aikaan maataloustöissä tarvittavien ihmisten määrän vähenemisen alle puoleen väestöstämme.

Muutoksen seuraavassa vaiheessa ihminen opetteli ja onnistui aikaansaamaan koneeseen sisällytetyn ohjausyksikön. Sen kehittämisen alkuvaiheet tapahtuivat itse koneiden kehittämistä nopeammin. Manuaaliset koneen toimintojen ohjaajat olivat jo tositoimissa viime vuosisadan puolivälin jälkeen. Koneen toimintoa ohjattiin reikäkorttijärjestelmän avulla. Ihminen osasi ohjaustoiminnan. Välinekehitys viivytti sitä. Putkijärjestelmän siirtyminen mikrosirujen aikaan merkitsi esimerkiksi sitä, että omakotitalon kokoinen putkitoiminta mahtui pienen sakariininpalasen kokoon. Ymmärrämme hyvin, mitä se merkitsee toiminnan kannalta. Ehkä sen voi pelkistää toteamukseen, että kone ei ajattele mitään, mutta sen se tekee hirvittävän nopeasti. Tuo kahden merkin avulla tapahtuva laskentatoimi onkin kehittynyt käsittämättömän nopeaksi.

Ongelmallisinta ilmeisesti tässä kehityksen kelkassa on ihmisen toiminta. Onhan paras paikka tulevaisuuden näkemisessä ja muokkaamisessa olla mukana siinä. Tulisi myös huomata, että koneellistuminen ei vie ihmiskunnalta työpaikkoja, vaan että ihminen on opettanut koneita tekemään puolestamme joitakin töitämme. Ihminen on jo onnistunut opettamaan koneita keskustelemaan keskenään asian hoitamiseksi. Pilvipalvelu opettaa ja neuvoo meitä monissa asioissa. Siinä voi nähdä myöskin valtavan edun. Yksin yrittäminen ja monien rutiiniasioiden hoitaminen onnistuvat ennen vanhaa joustavammin. Työpaikat siirtyvät toisenlaiseen toimintaan. Siirtyminen supertuottavuuden alueelle tuo oikeastaan huomattavan määrän työtä sen luomiselle ja hallinnalle. Nämä isossa kuvassa tapahtuvat muutokset ovat vaikuttaneet jo todella näkyvästi maaseudun sekä maatalouden että metsätalouden alueella. Meidän tulisi ehkä enemmän synkronoitua ainakin sellaiseen huomisen muutokseen, jota emme voi välttää.

Siru, nano ja induktio avartavat kodin taloustoimintaa

Edellä mainitsin mittavan kehityksen askeleen saavuttamisesta, kun siirryttiin putkiajasta mikrosiruihin. Siihen voi nykyisyydessä jo liittää aivan uuden ulottuvuuden konkreettisesti toteutuneessa toiminnassa. Nano on jo monien kuulema sana. Se on uuden toimintamaailman mittayksikkö. Mikrotekniikasta on siirrytty nanotekniikan hyväksikäyttöön. Yksi nanometri on kooltaan vain millimetrin miljoonasosa. Tämän yksikön toimintamaailma on tuottanut meille sanomattoman paljon hyötyä. Se on lähes mullistamassa meidän arkielämäämmekin.

Muutos ilmenee keittiölaitteiden keskiössä olevassa "älykkään automaattisessa" liedessä. Vierastan hiukan noita koneälyn termejä. Ihminenhän ne on luonut ja kehittänyt koneiden toimintaan. Luontoäly on aivan eri asia. Luonnollisessa luonnon toiminnassa meillä on monenlaista ihmeteltävää. Siihen pitää vain uskoa. Vain ihmisen kehittämien laitteiden kohdalla voi kysyä: "Kuka sen on tehnyt."

Sähkö mullisti runsas puoli vuosisataa sitten sähköttömän asutuskeskuksen toiminnan. Nyt induktiomaailmassa ja muussa vastaavassa voidaan laitteisiin sisällyttää ehkä vielä uskomatontakin ihmisen luomaa "älykästä" automatiikkaa. Tilanteiden tunnistaminen helpottaa ja ohjaa ilmoittamalla siitä ihmisen toimintaan.

Nykyasunnoissa käytössä olevia esimerkkejä on runsaasti. Mainittakoon vain tuon lieden ohella mikroaaltouuni, pyykinpesulaitteet, jääkaapit yhteyksineen, valaistusmaailma, avaimia korvaavat tunnistimet, kodin turvalaitteet, etäluettavat toiminnot ja kaukosäätimet, laaja viestintä- ja viihdekeskuslaitteisto sekä tietokonemaailma, puhtauteen ja terveyteen liittyvät ihmisen luomat, älykkyyttä ja tunnistamista sisältävät laitteistot.

Laaja langattomuus on siirtänyt toimintoja hoidettaviksi ja hoituviksi. Tarvitaan ihmisen sopeutumista tilanteeseen. On oivallettava, mikä on itselle tärkeää ja tarpeellista. Kaikki, mitä voi tehdä, ei ole suinkaan eduksi. Jokaiseen tekemäämme tai tekemättä jättämäämme ratkaisuun liittyy aina oma valintamme siitä, mikä on tärkeää tai mikä on vähemmän tärkeää.

Maaseudun apuna on selviytymisen perinne

Maaseudun toiminta, jos mikä, sisältää huomattavan määrän perinteitä. Ehkä jopa vuosituhansien ajan tärkeä oppiaine oli mukana oleminen pienestä pitäen. Siinä syntyivät mitä moninaisimmat perinteet tuleville sukupolville toimintojen jatkamiseksi. Käytännön tavat sisälsivät paljon tekniikkaa ja työtapoja ja myös asenteita tehtävissä onnistumiseen. Tämän suomalaisen selviytymisen perinteen otti esille tasavallan presidenttikin veteraanien juhlapäivän puheessaan 27.4.2017. Asian ilmaisi aikoinaan myös jalkaväenkenraali Adolf Ehnroth: "Kansa joka ei tunne menneisyyttään, ei hallitse nykyisyyttään, eikä ole valmis rakentamaan tulevaisuutta varten."

Maaseudulla on ikivanhaa luonnollista luontoa. Maaseudun huomista auttaa huomattavasti tukijalka. Perustus on tarpeen kaikessa rakentamisessa. Monessa toiminnassa tuo tukijalka on muutettavissa paikasta toiseen. Maaseudulla on yksi merkittävä perusta. Kaikki energian siemen on edelleen peräisin maaseudun mullasta. Siemenen ja muun maaemon annin tuotteet ovat saatavissa vain niitä sisältävistä paikoista. Hyödyntäminen ja jalostaminen voidaan jo suorittaa muuallakin.

Viime vuosikymmenien supertuottavuuden suuntaus on vaikuttanut voimakkaasti maaseudun elomuotoon. Yhden lajin tuotantoon siirtyminen ja sen kehittäminen näkyvät maaseudulla monin tavoin. Kasvilajien tuotannossa viljelmäkohtaiset pinta-alat ovat kasvaneet. Koneellistumisenkin on voimistunut. Sama suuntaus on eläintuotannon alalla. Tuotannonharjoittajat ovat erikoistuneet yhden lajin hyödyntämiseen. Ylistaroon valmistuneessa navetassa on noin 600 lehmää. Laitos on mittavasti automatisoitunut. Nykyajan karjapiikoja on vain viisi. Ne ovat robottikäsiä. Lypsyjärjestelmä on tavallaan karusellityyppinen. Lehmän poistuessa toinen tulee tilalle. Nuo viisi robottikättä hoitavat koko lypsytapahtumaan liittyvät tehtävät.

Erityisen antoisaa on, että maaseudulla on avaran luonnollinen terveyttä ja kuntoa aikaansaava kuntosali raikkaan puhtaassa ilmapiirissä mainioita maisemia aisteille tarjoten.

Kiireen kelkassa ihminen kampittaa itseään

Nuoruuteni aikaan toimittiin hevosen voimin ja ihmisen lihaksin. Vähitellen väki siirtyi väsymättömien koneiden käyttöön. Niiden tehokas toiminta tuntui miellyttävältä. Supertulosten saavuttaminen houkutteli kiihtyvään kiireeseen. Yhä parempien tulosten tahtominen johti liialliseen rahalla mittaamiseen, mikä lopulta ulottui sellaiseen mittaamiseen soveltumattomille alueille. Ihmisen ominaisuuksien unohtaminen johti jatkuvaa lihasvoiman toimintaa käyttävään oravanpyörän elomuotoon. Lihasvoiman ja koneiden ennen vanhaan oivallettu ero hiipui unholaan. Ei enää tarvittu konkreettisesti hevosen länkien kohentamista ja leipäpalan antamista vetojuhdalle. Oman pulssin ja maitohappojen tuntemuksen tarve unohtui. Olimme yllättäen ajautuneet pulanhallinnasta koneorjuuteen. Oohoo sentään sit menua, sanoisi ihailemani Soiman mamma.

Kadulla nykyään tavattava kävellessään somettava pikaruuan nauttija on yksi esimerkki nykyajan elomuodosta. Kunnon korvalappustereotkin siihen vielä sopivat. Mitä siitä puuttuu? Siitä puuttuvat ainakin lihasten lataaminen ja aivotoiminnan aktivoitumisrauha. Sellainen tuokio oli aikoinaan tuo hevosen ja kyntäjän lepuuttava hetki tai isommassa kuvassa muistelemani koko perheen ja usein jopa koko ruokakunnan yhteinen ateriointi ja sen aikaansaama lihaksille ja mielenrauhalle antoisa ihmisläheisyyden aika. Siihen liittyi oleellisesti mieltä ja ruuansulatusta lepuuttava tuokio parviälyn tavoin olemalla läsnä niin itsensä kuin toisten ihmistenkin joukossa ihmissuhteita vaalivana. Kiiruun kelkkaan kuuluvat maitohapotkin poistuivat. Tuli mahdolliseksi keskittyminen rauhallisesti aikaan liittyvän ykköstehtävän hoitamiseen rauhoittuneessa mielen tyyneydessä tarpeellista tulosta tuottaen kuin uusina ihmisinä.

Tulee hakematta mieleeni riippumaton olotila rauhaisasti keinahdelleen narujen narahdellessa tuvan ja eteisen nurkissa olevien kiinnityskoukkujen liittynnöissä. Suloisessa suvessa jo poikasina oikean tolansa oppineina syntymäräystäänsä alla olevaan pesään palanneet pääskysetkin viserltivät iloisina lihaksiaan pitkää talvehtimismatkaa varten lennellessään pihapiirin sinitaivaalla kehittäen. Niillä oli hallittu voimia vaativa talventimisen matkataival edessään.

"Yhdessä" on yhteinen juhlavuotemme teema

Teema on varsin osuvasti valittu. Yhteinen isänmaamme Suomi viettää tänä vuonna yhteisen isänmaamme 100-vuotista juhlavuotta. Vuosi on merkittävä meille kaikille. On ilahduttavaa todeta, miten monin tavoin ja monin paikoin on jo juhlia järjestetty. Lukuisia juhlallisuuksia on tietysti vielä odottamassa. Onhan vuosi tätä kirjoitettaessa vasta alkuvaiheessa. Suomen suven suloinen aika on perinteisesti tulvillaan tapahtumia. Niihin liittyy monenlaista perinnettä. On runsaasti erilaisia sukutapahtumia. Vietetään aikaa läheisten kanssa tavallista juhlallisemmissa puitteissa. Niihin liittyy oleellisesti viihtyisä paikka joko kaupungissa tai maaseudun kylässä lähellä luontoa. Erityisesti luonnon kanssa yhdessä oleminen tarjoaa, mitä monimuotoisempia vaihtoehtoja.

Kotiseutu ja sen arvostaminen ovat ilmeisen monille "Yhdessä"- teeman mukainen ominaisuus. Kotiseutu ja koti tuovat juhlaan itse kullekin merkittävän juuren omaan menneisyyteensä omalla tavallaan. Se on tietysti oman tunteemme mukaisesti siellä, missä koemme sen olevan. Monille se on maaseutu ja sen kotikylä. Onhan maamme edelleen varsin maaseutumainen laaja alue, jonka itsenäisyyttä tänä vuonna juhlimme. Laajuus on jo sellaisenaan omiaan sisältämään mitä erilaisimpia suomalaisia. Yhteisöllisyyden laajeneminen monin tavoin vaikuttaa entistä enemmän kansaamme. Tuota juurevuutta yhdessä olossamme me tarvitsemme myös yhteisessä tulevaisuudessamme.

Oma kotiseutuni on antanut oivat eväät elämälleni. Toivotan tämän kirjasen myötä mitä parhainta juhlavuotta kaikille "Kalevinkotikonnulta."

197

Kirjallisuutta:

*Heikkonen, Esko ja muut. Kivikirveestä tietotekniikkaan. 1989 Turun yliopisto offset.

*Koskue, Kaisu. 2000. Lammin pitäjän historia III. Gummerus. Jyväskylä.

*Linnilä, Kai. Utrio, Meri. 1997. Silloin kerran. Kultainen nuoruus. Tammer-Paino Oy.

* Lähde, Heikki K. 1996 Karjalasta Lammin kylille. Padasjoen kirjapaino.

*Lähde, Heikki K. 2017.Kotikontujen kiertolainen. Bod

*Lähde, Heikki K. 2007.Isojako ja Lieson uudisasutus. Väitöskirja. N-paino. Lahti.

*Lähde, Heikki K. 2014.Maaseudun elämää lihasvoiman aikaan. Bod.

*Maanmittaus Suomessa 1633-1983.Helsinki 1983.Valtion painatuskeskus.

*Mytting, Lars. 2013. Täyttä puuta. Bookwell Oy. Porvoo.

*Pakkanen, Outi. Raevuori, Antero. Elämäni vuodet 1946. WSOY:n graafiset laitokset.

*Porraskoski-Järventausta. 2004. Menneisyyttä sanoin ja kuvin.

*Pänkäläinen, Martti. 2001. Lammin pitäjän historia II. Gummerus. Jyväskylä.

*Ranta, Sirkka-Liisa. 2006. Hellettä, heinäpoutaa. Gummerus kirjapaino Oy. Jyväskylä.

*Utsk= Uusi tietosanakirja 11 osa. 1962. Sanomaosakeyhtiön Kirjapaino. Helsinki.

*Virmala,Ruotsalainen. 1972. Lammin pitäjän historia I. Ari A. Karisto. Hämeenlinna.

*Vuolle-Apiala, Risto. 2001. Hirsitalo. Gummerus Kirjapaino Oy. Jyväskylä.

*Vuorela, Toivo. 1958Kansatieteen sanasto. Helsingin liikekirjapaino Oy.

*Vuorela, Toivo. 1981Kansanperinteen sanakirja. WSOY:n graafiset laitokset. Porvoo.

Muita lähteitä:

Iltasanomat. Juhlalehti 80 vuotta 16.2.2012.

KA = Kansallisarkisto.

Maakirja = lähinnä luettelo maakiinteistöistä veroineen Kustaa Vaasan aloitteesta. 1. maakirja oli Hämeen maakirja vuodelta 1539.

Mma = Maanmittausarkisto. ja arkistonumero.

MML = Maanmittauslaitos

SSHY = Suomen Sukuhistoriallinen Yhdistys ry.

www.ingramcontent.com/pod-product-compliance
Lightning Source LLC
Chambersburg PA
CBHW052315220526

45472CB00001B/123